大同地区农业实用技术续编

● 曹居祥 主编

中国农业科学技术出版社

图书在版编目（CIP）数据

大同地区农业实用技术续编 / 曹居祥主编 . —北京：中国农业科学技术出版社，2014. 1

ISBN 978 - 7 - 5116 - 1420 - 9

Ⅰ. ①大…　Ⅱ. ①曹…　Ⅲ. ①农业技术 - 基本知识　Ⅳ. ①S3

中国版本图书馆 CIP 数据核字（2013）第 259943 号

责任编辑　徐　毅
责任校对　贾晓红

出 版 者　中国农业科学技术出版社
北京市中关村南大街 12 号　邮编：100081
电　　话　(010)82106631(编辑室)　(010)82109702(发行部)
(010)82109709(读者服务部)
传　　真　(010)82106631
网　　址　http://www.castp.cn
经 销 者　各地新华书店
印 刷 者　北京昌联印刷有限公司
开　　本　850mm ×1 168mm　1/32
印　　张　6. 625
字　　数　180 千字
版　　次　2014 年 1 月第 1 版　2014 年 1 月第 1 次印刷
定　　价　18. 00 元

《大同地区农业实用技术续编》
编委会

内容提要

如何使农业技术培训推广更贴近农民、贴近农村、贴近当地农业生产实际，在近几年的农民科技培训过程中，采取了发放答疑解难卡片的办法，针对性地开展培训工作，同时，编写了《大同地区农业实用技术新编》，收到较好的效果，深受农民朋友的欢迎。

根据大同地区农民提出的农业科技常见性问题，又编写成《大同地区农业实用技术续编》这本培训教材，以便辐射带动更多的农民学习使用，本教材由果业篇和节水旱作篇两部分组成，主要为促进当地农业生产发展，提供新的技术支持。

序　言

“三农”工作千头万绪，特别是随着现代农业的快速发展，促进农业增产、农民增收对提高劳动者整体素质的要求愈来愈迫切。如何使现代化农业科技成果快速转化为现实的生产力，如何使农业技术培训推广更贴近农村、贴近农民、贴近当地农业生产实际，如何使农技推广从“要我学”变为“我要学”，这些问题都是我们每个农业工作者需要积极探索和潜心研究的。

近年来，大同市农广校在承担实施山西省教育厅、山西省农业厅开展的“送教下乡”和“农村青年普及中等职业教育”中专生培养项目过程中，开展了有益的尝试，突出实用，方法得当，效果明显，收获颇丰。

他们在天镇等县开展项目时，采取了先发放答疑解难卡片，让学员填写在种养业生产中遇到的实际问题，然后分类进行通俗易懂的解答，这一举措深受农民的欢迎。有的农民甚至在本村听完后，第二天还赶到七八里远的邻村去听课。由此可见，农民对一些有针对性的农业实用技术的渴求具有强烈的愿望。

为了帮助广大农民更好地学习和掌握农业实用技术，并带动辐射本地区更多农民朋友学习和应用农业新技术，解决生产中遇到的实际问题。曹居祥同志及时组织编写了《蔬菜栽培实用技术手册》《猪饲养和疫病的防治知识》和《玉米栽培及病虫害防治技术手册》等这套乡土技术系列丛书之后，最近又重新整理编写了这本《大同地区农业实用技术续编》，其出发点都是为了顺应农民心意、解决农民期盼，便于农民查阅、指导农业生产。希望广大农民朋友能够学以致用、学以致富。

大同市农委主任　麻树田

2013 年 4 月 25 日

目　　录

第一部分　果业篇

第二部分　旱作节水篇

第一部分

果业篇

第一章 杏、李

一、大同地区杏、李树无公害高效栽培技术

大同境内平地较少，丘陵山地占总面积的60%以上。大同干旱缺水，风沙剧烈，水土流失严重，农业生产条件较差。由于大同紧靠内蒙古高原，冬季从内蒙古自治区吹来的寒流，夹杂着沙石经常袭击本市，而春天的风沙更为猛烈。生存在这样恶劣的环境中的大同人民逐渐认识到，要想锁住风沙，必须植树造林。但栽什么树，造什么林，则事关人民的生活。经过多年的实践与专家的论证，将杏树等作为植树造林中经济林的首选树种。杏树耐寒、耐旱、耐瘠薄、易管理、寿命长，既能起到防风固沙的生态作用，又能结果、产仁，有较高的经济效益，起到助农致富的作用；杏树在大同栽培历史悠久，当地曾培育出许多著名品种，创造了许多因地制宜的丰产栽培之法；当地加工杏果与杏仁技术成熟，既能增加杏树的附加值，又能解决产后销售难的问题；大同地广人稀，杏树栽培已实现规模化生产。为了实现杏树李树无公害高效栽培，笔者根据多年的生产实践和当地果农的经验教训，总结出大同地区杏、李树无公害高效栽培技术。

（一）建园

1. 园址选择与规划

山地、平地均可建园。山区、丘陵可选择坡度小于15°的坡地，并修筑梯田，避免在狭窄谷地、盆地、低洼涝湿地及核果类重

茬地建园。建园时应同步考虑防护林、道路、小区及必要的排灌设施和建筑物。

地势晚霜是杏树生产中的主要威胁，所以，杏园选地首先要考虑如何减低晚霜伤害。一般而言，丘陵、坡地比平地好；北坡开花晚，不易遭受晚霜危害；南坡开花早，易受晚霜危害；北坡较南坡土壤湿度大，在相对干旱的环境中，北坡的产量高于南坡。但具备灌溉条件，无晚霜的情况下，南坡产量品质会高于北坡。

大同地区年降雨量400mm左右，且分布不均匀。旱坡地栽植杏、李树，特别鲜食杏及李，必须配套水利灌溉设施，效益才会显现最大化。

2. 品种选择与搭配

鲜食杏、李品种适于城郊附近栽培，通常选择大果、色艳、肉厚的优质品种。注意早、中、晚熟品种的搭配，尤以早熟品种为主，适当增加极晚熟品种，一个商品杏园以选择3~5个品种为宜。

加工品种要根据加工的种类和质量选择，通常果实含干物质多、糖分大、汁液少、酸味重、果肉硬度大、离核品种适宜做加工。加工品种可在远离城郊区域栽培，为今后重点开发品种。

仁用杏品种更适用于寒旱地区、荒山荒坡地区栽植，为退耕还林首选树种之一。

杏树建园时，一定要注意配置授粉品种，主栽品种与授粉品种配置比例为5∶1，采用行列式配置。不配置授粉树，好多杏品种就不能增产。

（二）栽植

1. 整地挖定植穴

定植前平整土地，空闲地最好雨季前整地。按株行距挖宽深0.8~1m的定植穴或沟，表土与底土分放。定植穴的大小视土壤情况而定，山区土薄应挖大穴，而沙地土壤松软，可挖小穴，旱地宜挖小穴。穴底填20cm厚的秸秆，并施有机肥30kg左右，磷肥2kg左右，硫酸亚铁1~1.5kg，与表土混合后回填并灌水沉实。

2. 栽植方式和密度

平地建园以南北行向较好，山地建园以梯田的自然走向或等高线栽植行向较好。

根据园地的土地条件、品种、整形修剪方式和管理水平等确定栽植密度，一般株行距为3m×4m。现在便于机械化管理，株行距倾向于3.5m×3.5m或4m×4m正方形栽植。

3. 栽植时期

分秋栽和春栽。秋栽落叶后至土壤封冻前进行，秋栽需压倒苗木埋土越冬，春栽4月10日至4月25日为宜。

4. 栽植方法

栽植前，苗木根系用清水浸泡1～2天，然后剪根并蘸药。栽植时，嫁接口朝迎风方向并于地面稍低为宜。

5. 栽后管理

栽植后，立即灌足水、覆膜、定干。定干高度60～70cm，剪口下留5～6个饱满芽。定干后，立即套膜袋，防止金龟子及象甲为害。生长受限时，阴天摘去膜袋。

当新梢长至15～20cm时，及时施肥，每隔15天追一次，共2次。7月以前以氮肥为主，以后磷、钾肥为主，追肥后及时灌水。8～9月结合喷药进行叶面喷肥，不再地面追肥浇水。

（三）土肥水管理

1. 土壤管理

（1）深翻改土

秋季结合施基肥进行土壤深翻。深翻深度50cm左右（沿原栽植穴外缘或树冠投影下向外挖40cm宽的沟）。对黏重土壤掺沙改良，对沙土掺黏土改良，深翻后回填有机肥并及时灌水。深翻对杏树的好处有：改善土壤理化性状，促使土壤团粒结构形成，增加土壤的空隙度，增加土壤含水量，促进根系发育，增加根系分布范围和根系数量。

深翻的时期：在干旱地区最好在雨季来临之前。大同地区一般在7月下旬至8月。如果在干旱季节深翻又不能灌溉，则会加重干旱，对杏树生长不利。

深翻的方式：深翻扩穴，即定植后每年扩大树盘，适合于幼树。隔行深翻，适合于初结果树。全园深翻，适合于盛果期大树。

（2）中耕除草

树盘清耕的杏园中在生产季节降雨或灌水后，及时中耕松土，中耕深度5～10cm，保持地面干净无杂草状态。幼树期间，杏园最好采用清耕。清耕能起到除草、保肥、保水的作用，尤其在旱地果园清耕能减少蒸发，保持土壤的水分。

（3）覆草或间作

山地及贫瘠地杏园宜树盘覆草。用玉米秸秆、谷糠、杂草等在树盘下覆盖，厚度20cm左右，上面压少量土，每隔2～3年翻埋一次，可抑制杂草生长，减少蒸发，增加土壤有机质含量。幼树期间，树体弱小，施行间作可增加土地利用率，同时，还可改善土壤理化性状。行间间作豆类、牧草、马铃薯等矮秆作物，以不影响杏树的生长为宜。间作豆科绿肥，可增加土壤有机质，增加土壤中的氮素营养，即俗话说的“养地”。绿肥刈割后，结合深翻埋入果园，也可覆盖于树盘下。

（4）生草法

除树盘外，在果树行间种草的土壤管理方式叫生草法。这种方法适宜于水分条件较好的果园与水土易流失的果园。生草的好处：减少土壤的地表径流，比较省工，可以增加土壤的有机质含量，提高果实品质，减少红蜘蛛危害等。生草的坏处：易使土壤表层板结影响通气，草根强大与杏树根系争水争肥。因此，采用生草法必须具备灌溉条件。同时，要一年几次割草，并增施氮肥。

（5）免耕法

主要用百草枯等除草剂防除杂草，土壤不可进行耕作。这种做法具有保持土壤自然状态、节省劳力、降低成本等优点。但除草剂的使用会带来一定的污染，并对树木生长构成一定危险。

2. 肥水管理

（1）施肥方法

基肥多在秋季8～10月施入，以有机肥为主。成龄园每亩（1亩≈667m^2。全书同）施有机肥3 000～5 000kg，加施少量硼肥、磷肥，可采用沟施或放射状沟施，施肥后灌足水。追肥一年需3～4次，第一次花前肥，以速效性氮肥为主，结果树每株施尿素0.5kg左右，可保证开花整齐一致；第二次花后肥，以速效氮肥为主，配合磷钾肥，结果树每株施复合肥0.5kg左右，可促进果实生长；第三次硬核期催果肥，果实成熟前20～30天施入，以磷、钾肥为主，辅以少量氮肥，结果树每株施硫酸钾1kg、过磷酸钙1kg和尿素0.5kg，可促进果实的第二次迅速生长；第四次采收后采后肥，结果树每株施三元素复合肥1kg，可促进杏树花芽分化，减轻雌花败育，有利翌年坐果率的提高。

除去地面施肥外，还需进行根外追肥，即于花期喷0.3%硼砂加0.3%尿素混合液，花后叶面喷施0.3%尿素加0.3%磷酸二氢钾，果实膨大期喷0.3%～0.4%的磷酸二氢钾1～2次。喷施追肥精、稀思美等新型高效叶面肥效果更佳，可大力推广应用。

（2）杏园灌水

杏树虽然耐干旱，但杏树对水是十分敏感的，如水分不足，则减低产量，影响品质。杏树花前水，这个时期必须满足灌水，因为杏树的开花，长枝、长叶都需要相当的水分；果实膨大水，是决定杏李果实能否长大的关键时期，这在杏树李树生产上是非常重要的；采后水，即采收后15～30天需灌水，此期缺水会影响杏、李花芽分化，造成次年产量的降低。

（四）杏、李园花果管理

1. 杏李园防晚霜

杏树开花早，花期易遇晚霜、寒流，造成冻花冻果，导致减产甚至绝收。因此，采取适宜的防霜保果措施，是实现杏、李优质高产的重要保证。

（1）推迟花期

早春天气变化大，寒暖交替。此时，杏树休眠期已过，很容易在几天温暖之后萌芽，再突然遇到降温时遭受冻寒，而推迟花期在趋利避害上作用明显。

（2）改善果园小气候

①烟熏法。熏烟就是放烟雾防霜，每亩点6~10个燃点，每点25kg左右烟雾剂，要在上风头点燃。

②喷水。在晚霜来临前，利用喷雾设备向杏李树上喷水或配套喷灌设施喷水，防霜效果佳，喷水时加0.3%~0.5%磷酸二氢钾，可有效增强杏李花果的抗寒性。

2. 提高坐果率，搞好人工辅助授粉

从花期相近或略早的多个授粉品种树上采集含苞待放的花朵，室内取花药平铺在光洁纸上，20~25℃阴干1~2天后，装瓶即可应用。盛花初期用铅笔橡皮头或软毛笔蘸花粉点授，或把花粉放入500~1 000倍的含0.01%硼酸和10%蔗糖（白砂糖）的水中，用喷雾器喷雾授粉。另外，也可花期放蜜蜂和壁蜂。

盛花期喷50mg/kg赤霉素，0.3%硼砂，1 200倍稀土，0.3%磷酸二氢钾溶液，可明显提高坐果率。

3. 疏花疏果，提高果实品质

易受晚霜危害的大同地区不宜采用人工疏花。疏果在第二次落果（生理落果后）后至硬核期进行，即花后25~30天。疏扁形果，留长形果；疏虫果、伤果、畸形果，留正常果。疏果标准叶果比为25~30：1。果间距为中长果枝每20~25cm留1个果，短果枝每7~10cm留1个果，只有这样，才能增大多个，提高高档商品杏李果比例。

4. 抑制新梢生长，促进花芽分化

于7月下旬和8月中旬各喷一次多效唑300倍液或果树促控剂PBO 300~400倍液，对于密植杏园控冠促花作用显著，有利于翌年坐果率的提高。

二、主要杏、李品种介绍

（一）仁用杏

仁用杏系指以杏仁为主要产品的杏品种统称。仁用杏肉薄、仁饱满。仁用杏抗旱、耐寒、耐瘠薄，具有很强的适应性。仁用杏杏仁营养丰富，具有较高的经济价值。

1. 优一

树势中强，呈自然半圆形。果实呈长圆形，阳面有红晕，单果重9.6g，单核重1.7g，出核率17.7%。核壳薄，可咬开，出仁率43.8%，单仁重0.75g，杏仁香甜，无余苦味，品质好。该品种抗寒力强，花期可耐-5℃低温，以中短果枝、花束状果枝结果为主，丰产性强。缺点是，有隔年结果现象。为大同地区主栽品种之一。

2. 超仁

该品种是辽宁省果树研究所从龙王帽杏树中选育出来的。果实扁卵圆形，平均单果重16.7g. 离核，核壳最薄，平均单核重2.16g，出核率18.8%，出仁率41.1%，平均仁重0.96g，杏仁重量比龙王帽增大14%。仁肉乳白色，味甜。该品种极丰产，仁大，树体矮化，适应性强，经济效益优于龙王帽，为极有推广价值的仁用杏新品种。

此外辽宁省果树研究所还选出油仁、丰仁、国仁等，这些品种从一高峰选出，具有丰产、仁大、综合性状优于一窝蜂的特点。抗旱、抗寒，仁甜香，极丰产。丰仁可作超仁的授粉品种，适于干旱地区栽培。

3. 薄壳一号

该品种从龙王帽实生苗中选出。树势中强，树形呈自然半圆形，树姿较开张。果长园，有红晕，单果重8.8g，单核重0.92~1.8g，核壳薄，出仁率高达41.5%~51.7%，可用牙咬开，为带壳上餐桌的干果食品。杏仁呈长圆形，单仁重0.45~0.68g。以中短果枝及花束状果枝结果为主，结果量越大核越薄，越容易用牙咬开。该品种抗冻花、抗病、抗风能力强，可连年稳产、丰产，大同地区可重点推广。

龙王帽，一窝蜂等老品种综合性状表现差，抗冻力差，应限制发展，围选1号等高抗花期冻害新品种可引种栽培。

（二）鲜食杏

杏果是人们喜食的果品之一，以果实早熟、甘甜、上市早为特色，在初夏的果品市场上市有重要位置，近年来一直供不应求，其价格并不亚于高档苹果等，大同地区有水源的区域可大力开发发展。

1. 华县大接杏

也称华州大接杏，商品名唐杏。果实扁圆形，果顶微凹，平均单果重84g，最大150g。果面淡黄色，阳面微红，有紫红色斑点。果肉橙黄色，肉质柔软，味极甜，多汁，黏核，甜仁，成熟期大同地区7月上旬。该品种结果早，丰产性强，花期抗冻害能力强，是著名的鲜食杏品种，为大同地区主栽品种之一。果肉含可溶性固形物11.7%。总糖7.9%。总酸0.9%。维生素C 7.5ml/100g，品质极上。短果枝和花束状果枝结果为主，连年丰产稳产。树势较强，树姿开张，萌芽率高，成枝力低，冠内枝条稀疏，层性明显，半矮化。该品种3年结果，5年生平均株产20kg，盛果期树平均株产40kg。

2. 白水杏

树势强，树姿半开张。果实近圆形，稍扁，平均果重80g左右，最大150g。果面白色，阳面有红晕，近梗洼处多斑点。果肉黄色，肉厚，质地密，纤维中等，汁液多，味甜，有浓香，品质好，含可溶性固形物13%，离核、甜仁、抗寒、抗旱、耐瘠薄，是优良中熟鲜食品种，灵丘县栽培面积较大。

3. 丰园红杏

从金太阳品种选出，果实卵圆形，平均单果重62g，最大单果重 110g；果皮底色橙黄，阳面着片状浓红色；果肉较硬，含可溶性固形物 13% ~29%；离核，甜仁，大同地区 6 月中旬成熟，比金太阳早熟 5 天左右。该品种结果早，抗晚霜，极丰产，保护地及露地栽培均适宜。

4. 骆驼黄杏

平均单果重 49g。最大 78g，果实圆形，果顶平圆，微凹。果皮橙黄色，有暗红晕。果肉橙黄色，肉质软，纤维稍多，汁液多，甜酸适口，有香气。可溶性固形物 11.5%，6 月中下旬成熟。黏核甜仁，是优良早熟鲜食品种，适于保护地栽培。

5. 凯特杏

该品种从美国引进，果实七月上旬成熟。果大，平均重 90g，最大单果重 150g。果皮橙黄色，味酸甜爽口，口感纯正，芳香味浓，可加工成杏脯，品质好。可溶性固形物含量 12.7%，总糖 10.9%，总酸 0.94%。核小、离核、极丰产，第三年平均株产杏 10kg，抗盐碱，抗病力强，耐低温，花期抗寒能力强。大田、温室栽培均适宜，为大同地区重点推广品种。幼树生长旺盛，直立性强，多数新梢能形成二次枝，进入结果期后树势强健，大量结果后树势趋向中庸，树姿半开张。萌芽力高，成枝力强，树冠内枝条多，层次较明显。以短果枝结果为主，占结果枝总量的 20%。

6. 金太阳杏

该品种从美国引进，成熟期 6 月中旬，属极早熟品种。以中、短果枝结果为主，具有结果早，丰产的特点。平均单果重 66g，最大 87g，果实近圆球形。果面光洁，底色金黄色，阳面着红晕，外观美丽。果肉黄色，离核，肉质细嫩，纤维少，汁液较多，有香气，品质上等。大田、温室均可栽培。耐贮运，具有较强的抗晚霜能力。

7. 亚美尼亚杏

该品种从亚美尼亚引进，平均单果重 60g，最大 120g。品质好，含可溶性固形物 18%，丰产，4 年生平均株产 20kg。抗晚霜能力强，为高档鲜食品种，缺点是易产生裂果。

8. 京杏

京杏分软条京杏、硬条京杏和假京杏3种。软条京杏新梢略弯曲，成形慢，树冠小，果中大，近圆形，整齐，平均果重41.7g，离核，甜仁，品质好。硬条京杏树姿直立，新梢较细而硬，果中大整齐，近圆或卵圆，平均果重38g，半离核，仁甜而清香，仁肉兼用，耐贮运。假京杏因果实外观酷似京杏，而杏仁苦与京杏不同，故名假京杏。假京杏果实圆形，单果重34.7g，最大单果重40g，离核，苦仁，品质好。假京杏枝条稠密，树冠高大，果面干净，两半杏肉对称，早熟味酸，加工高档杏脯首选品种。有大小年、易遭霜冻、采前落果等缺点，近年发展较少，阳高县栽培面积较大，为区域优良品种之一。

此外，大同县的哈蜜杏、浑源县的桃接杏属地方良种，发展有局限性。扁杏、香白杏、八月红杏及其他加工杏等早、中、晚熟新品种可扩大示范引种，以丰富大同杏品种类型，充分满足龙头加工企业对杏原料的不间断需求。

（三）李

1. 郁望李

又称玉皇李。果实圆形或近圆形，顶部圆或微凹，平均单果重45~60g，最大果重80g以上。果皮黄色，果粉较多。果肉黄色，质细，纤维少，汁液中多，味甜微酸，香气浓，可食率97.4%，可溶性固形物含量10%~13%。品质上等，核小，离核，果实成熟期8月上旬，为大同地区主栽品种。树势中等，树姿半开张，成枝力较强。以短果枝结果为主，连续结果年限较长，抗旱力较强。

2. 大红李

树势强健，树姿半开张，抗风、抗病。果实个大，平均单果重70g，最大100g，丰产优质。果肉柔软多汁、味香甜，离核，耐运输，果实成熟期8月上旬。

3. 晚红李（龙园秋李）

树姿开张或半开张。抗寒、抗旱、抗涝力均强。在沙壤土上生长良好，对肥水要求一般。果肉细，柔软多汁，味香甜，半离核，品质优。成熟期9月中旬，早果性强，极丰产，果实大，耐贮运，抗红点病。果实扁圆形，平均单果重76g，果顶平或微凹，缝合线浅明显；果皮底色黄绿，着鲜红色；果肉橙黄色，质致密，多汁，味酸甜，含可溶性固形物14.8%。

4. 美丽李（盖县大李）

树势中等，树姿开张。短果枝和花束状果枝均能成花结果，极丰产。果实近圆形，属大果型，平均单果重80g，果面着鲜红或紫红色。果肉淡黄色，质地细嫩，硬溶质，汁液丰富，味甜爽口，香气浓郁，品质上等。成熟期早，约7月下旬。含可溶性固形物12.5%，总糖1.03%，总酸1.15%，粘核或半离核，核小。树势中庸，萌芽率74.6%，成枝率9.5%，栽后2年结果，5年进入丰产期，抗旱、抗寒能力均强。自花不结实，需配置授粉树。

5. 大石早生李

大石早生李原产日本，果实卵圆形，平均单果重42.5g。果顶尖，果皮较厚，底色黄绿，着色鲜红，果粉较厚，灰白色，果肉黄绿色，肉质细松脆，酸甜多汁而有微香，粘核，核较小，该品种需配置授粉树，成熟期7月中旬。该品种外观美，商品价值高，保护地适宜栽培品种之一。

6. 意大利李

果实椭圆形，平均果重70g，最大91g，果面蓝紫色，果顶尖园，片肉不对称，果肉无溶质，细嫩、甜脆，风味甘甜爽口，香味较浓，品质极上。果实含可溶性固形物18%，口感极佳。丰产性强，耐贮运，成熟期9月上旬。自花结实率高，抗晚霜，鲜食，制干均适宜。

7. 味帝、味厚

味帝、味厚是用李和杏杂交育成的杏李种间杂交新品种。果实圆球形，平均单果重100g，果皮带有红色斑点，味帝果肉鲜红色，味厚果肉白色，肉质细，汁液多，香气浓郁，风味极甜，品质极佳，风味明显优于同期成熟的李和杏品种。果实可溶性固形物含量14%～19%，成熟期9月上旬。该品种贮放，适应性强，高产稳产，具有广阔的发展前景。

8. 井上李

原产日本。平均单果重72g，最大100g。果顶园，缝合线明显，果面紫黑色，无果点。果肉红色，肉质细硬而脆，果汁多，味甜。含可溶性固形物12%，品质上等，离核，椭圆形。冷藏条件下，果实可存放3个月，属于罕见的耐贮运品种。大同地区9月中旬成熟。5年进入丰产期，该品种适应性好，丰产性强，较抗寒，是优良的晚熟品种。

三、杏、李树整形与修剪

（一）认识误区与存在问题

1. 不修剪、放任不管

农民果园管理技术水平较低，农村技术人员缺乏，使杏树树体多年不修剪，导致大枝过多和密挤，通风透光条件差，影响花芽分化，使杏树开花少或不结果。

2. 修剪方法不当

受地区传统杏树栽培习惯的影响，部分农民对杏树科学管理意识淡薄，整形修剪不到位，导致树冠内光照不足，通风不良，枝条细弱甚至枯死。结果部位外移，树冠内膛空虚，影响果实品质和树体经济寿命。

3. 不能因树修剪

在修剪中，未按树龄或灾后（如冻灾、涝灾、虫灾和病灾等）树体受害程度，做到因树修剪，不能统筹规划，合理安排，而是任意而为，胡乱修剪，结果造成该结果的树没能结果，该高产的树未高产。

4. 忽视夏剪或夏剪技术不当

有的杏园只在冬季进行修剪，夏季则不进行修剪。有的杏园夏剪方法不对，化控技术应用不当，造成树体郁闭，结果枝少，产量低。

（二）整形修剪的原则和依据

杏树、李树极喜光，不管采用自然开心形或小冠疏层形树形，主枝都不要太多，但层间要大，从而使阳光能进入内膛，以改善通风条件和提高光能利用率。

只有通过合理整形修剪，才能形成合理的树形和树冠结构，调节好生长与结果的平衡关系。幼树可迅速扩展树冠，增加枝量，提前结果，早期丰产；盛果期树可实现连年高产、稳产，并且尽可能延长盛果期年限。在生产实践中，应重视整形修剪的作用，但整形修剪必须在良好的土、肥、水等综合管理的基础上，才能充分发挥作用。

1. 坚持整形修剪的原则

（1）因树修剪，随枝作形

杏树由于品种和树龄的不同，所表现出来的生长结果习性也不尽相同，因此，整形修剪方法也应各有侧重。具体修剪时，既要事先有所计划，又要根据实际的树体长势而定，决不能生搬硬套，机械造型。

（2）统筹兼顾，长远规划

修剪是否合理，对幼树的早丰、早产和盛果期树的高产稳产以及优质果的形成等，都有一定的影响。因此，一定要做到统筹兼顾，全面考虑。在杏树幼龄时期，既要生长好，迅速扩大树冠，又要早结果，使生长结果两不误。同时，还要考虑发展前途，延长结果年限。如果只顾眼前利益，片面强调早果及丰产，就必然会造成树体衰弱，形成小老树。如果片面强调树形，而忽视早结果和早丰产，就不利于生产发展的需要。同样，盛果期树也要做到生长结果相互兼顾。

(3) 轻重结合，方法得当

相比较而言，杏树花芽是较易形成的。如果土、肥、水管理都能跟上，当年生枝即可形成饱满的花芽。另外，一部分树姿直立的杏树品种，在生长旺盛的枝条上，也能很好地坐果，这是与苹果树不一样的地方。因此，幼龄杏树不一定要一味地搞轻剪缓放，而可根据实际需要，在修剪中做到轻重结合。但必须方法得当，这样才能把杏树的本身特点反映出来。

(4) 均衡树势，主从分明

在同一株杏树上，同层骨干枝的生长势必须基本一致，防止强弱失调。但各级骨干枝之间的主从关系也应明确，有中心领导干的，要绝对保持其生长优势。各层主枝应下层强于上层，防止出现上强下弱的现象。修剪时，从属枝必须为主干枝让路，使各级骨干枝保持明确的主从关系。

2. 把握整修修剪的依据

(1) 品种特性

杏树品种不同，其生物学特性各有差异，在萌芽率、成枝力、枝条开张角度以及结果枝类型、坐果率高低等方面，都不尽相同。因此，进行杏树修剪时不能千篇一律，应根据实际情况确定修剪方法。

(2) 修剪反应

杏树品种不同，其枝条对修剪的反应不一样。进行修剪，应明确什么是有利于加强生长的剪法，什么是有利于缓和生长、促进幼旺树结果的剪法。

(3) 树龄长势

树龄不同，其生长结果的表现也不同。幼树至初果期树生长势较旺，其修剪程度应偏轻，要注意整形，使其提早结果。盛果期树，树势生长缓和，开始大量结果，对此期的杏树，应打开光路，同时注意调节营养枝和结果枝的比例，以保证盛果期年限加长。到了衰老期的杏树，需要重剪，使其老枝更新复壮。

（4）栽培管理条件

如果栽培管理措施跟不上，过分的强调轻剪、缓放和多留果，必然会造成树体衰弱，整形修剪的作用也就不会很好地显示出来。在栽培条件较好的杏园，可充分发挥修剪作用，达到高产、稳产、优质的目的。另外，栽植形式和密度不同，整形修剪措施也应相应改变。密植园树冠矮小，宜及早控制树冠生长，防止郁闭。

（三）科学整形修剪，选择合理树形。

整形的目的，在于造成坚实的树体骨架，便于形成能最大限度地截获光能的叶幕和负载合理的树体结构。合理的树形应符合早结果、早丰产、易管理和果实质量优良的要求。目前，国内外比较普遍采用的杏、李树树形主要有小冠疏层形、纺锤形和开心形。

1. 小冠疏层形

（1）树体结构

干高40～60cm，有中心主干。第一层3个主枝，层内距为15～20cm。第二层两个主枝，距第一层主枝60～80cm，与第一层3个主枝插空选留。每个主枝配置1～2个侧枝。

（2）整形技术

第一年定干60～70cm。从剪口下长出的上部新梢中，选出一个健壮的直立枝条作为主干延长枝。在其下部的枝条中，选出3个长势较强、分布较均匀的枝条，作为第一层的三大主枝。留作主枝的枝条任其充分生长，对其余的枝条进行摘心、疏除或短截，控制其生长。冬季修剪时，对第一层的三大主枝剪留50cm左右，对主干延长枝剪留60cm。翌年春天，从主干延长枝剪口下长出的枝条中，除选出一个主干延长枝外，将其余枝条拉平，进行缓放，以培养成永久性的大结果枝组。冬季对中心干延长枝剪留50cm左右，当年选留两个长势、角度、方向良好的枝条，作为第二层主枝。第二层主枝要求与第一层主枝相互错开，不要重叠。对第一层主枝还是剪留50cm左右；对其余的枝条要控制生长，进行摘心、短截或疏除。翌年冬季修剪时，对第二层主枝剪留 40～50cm。按此方法进行修剪，最终培养成树高在 3.0～3.5m，具有五大主枝的理想树形（图 1－1－1）。

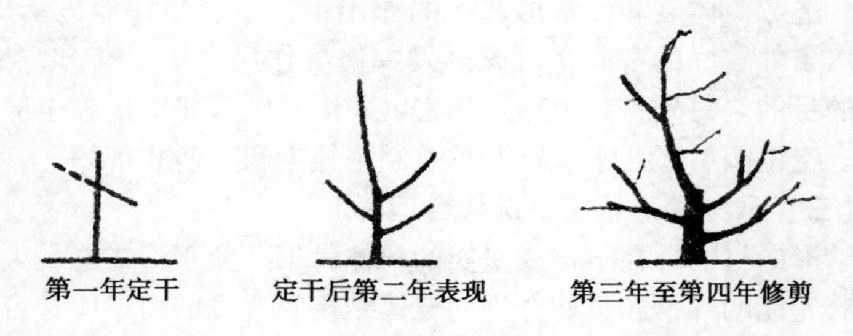

图 1－1－1　小冠疏层形树形及其整形过程

2. 自然开心形

生产上为了使杏树成形快、早结果，而采用开心形树形。此种树形修剪简单，作业方便。

（1）树体结构

主干上有 3 个主枝，层内距为 10～15cm，以 120°平面夹角均匀分布，开张角度为 45°左右。每个主枝上留 2～3 个侧枝，无中心干，干高 30～50cm。

（2）整形技术

定植后，从干高 50～60cm 处定干。从剪口下长出的新梢中，选留 3～4 个生长健壮、方向适宜的新梢作为主枝。其余生长旺的枝应拉平或疏去，生长中等的枝条应进行摘心，以增加枝叶量，保证所选留的主枝正常生长。

自然开心形的整形修剪方法如下：第一年冬季，主枝剪留 50cm 左右，剪口芽留外芽，以开张角度。除选留的主枝外，对竞争枝一律疏剪，其余的枝条依空间的大小作适当的轻剪或不剪。第二年春季，在剪口下芽长出的新梢中，选出角度大、方向正的健壮枝条，作为主枝延长枝来培养，对其余的枝条作适当的控制，以保证主枝延长枝的生长优势。在整个生长季节中，宜进行2～3次修剪，使其枝条长势均匀。对竞争枝要及时疏除，其余的枝应尽量保留或轻剪，使其提早形成花芽，保证前期产量。冬季，对主枝延长枝还是剪留50cm左右，其余枝按空间大小决定去留。第三年，按上述方法继续培养主枝延长枝，并在各主枝的外侧选留第一侧枝。各主枝上的侧枝分布要均匀，避免相互交错重叠。侧枝的角度要比主枝的大，以保持主侧枝的从属关系。按此方法，每个主枝上选留2～3个侧枝。第四年即可完成树形（图1－1－2）。

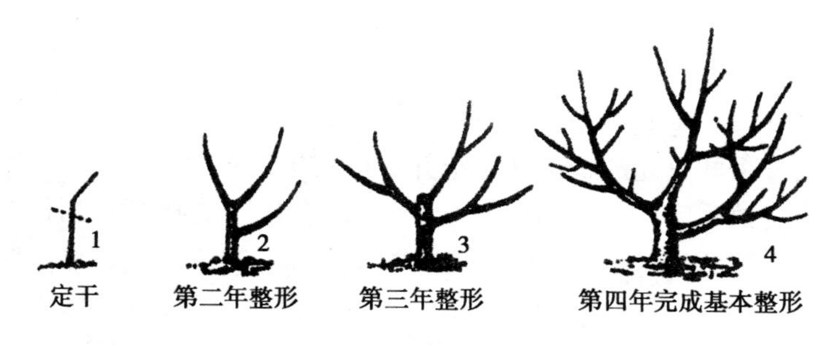

图1－1－2　开心形树形及其整形过程

3. 自由纺锤形

（1）树体结构

干高30cm左右，中干直立、粗壮，优势明显，中干上直接着生8～10个小主枝，无侧枝，在主枝上直接着生各类结果枝和小型结果枝组，主枝角度较开张，一般80°，均匀着生在中心干上，主枝间距15～20cm，树高2.5m左右。树体上小下大，上稀下密，外稀内密，利于通风透光和树势稳定。这种树形的优点是整形容易，利用杏树的自然生长特性稍加调整即成，树体结构简单，骨干枝级次少，整形快，通风透光好，易成花，结果早，修剪量轻，树势稳定，可充分利用空间，易于立体结果，单位面积产量高（图1－1－3）。

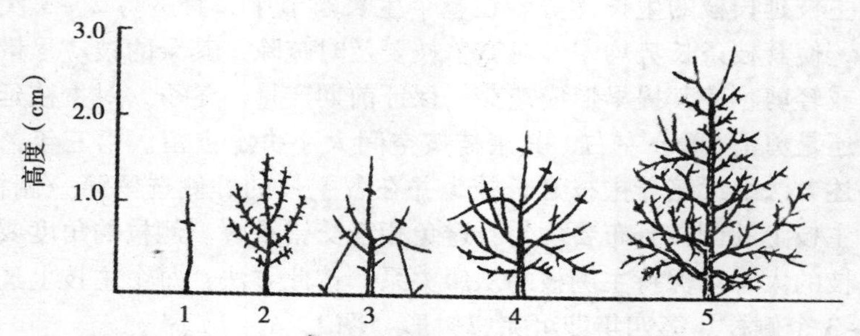

1.定干；2.当年抽梢；3.冬季修剪；4.第二年冬剪；5. 4～5年生树形

图1－1－3　自由纺锤形整形过程

（2）整形修剪要点

培养强壮直立的中央领导干并维持其领导势力是整形及修剪的关键。定植后定干30～50cm，萌发后选生长最强旺的新梢作为中央领导干，新梢长到50cm左右时摘心促发二次枝，从中选长势最强且直立的二次枝作为中心干加以培养，其余二次枝长至30cm左右时拉平；若树势强旺，中心干延长梢长至50cm左右时再次摘心，促发三次枝，依次进行。若中心干延长梢较弱，则不能摘心，待冬剪时短截培养。除用作中心干培养的新梢外，其余新梢尽量一梢不疏，以尽快增加幼树枝叶量，促进长树和结果。待长至30cm左右时拉平，作为永久性主枝或用作辅养枝辅养树体或提早结果，对竞争枝及早摘心加以控制。小主枝选够时落头开心，控制2.5m左右的树体高度。

4.“Y”字形

也称两主枝开心形、“塔图拉”树形，20世纪70年代起源于澳大利亚。

（1）树形结构

单干，干高30cm左右，树冠东西两侧有2个伸展的臂（沿南北向定植），即2个主枝，主枝左右弯曲延伸，主枝上直接着生结果枝组，每行形成2个结果面，伸向行内，中间开心。树高2m左右。该树形骨架牢固，成形快，早期高产，光照好，果实品质优良，适于保护地整形树形。

（2）整形修剪要点

幼树定植后不定干，待萌发后把主干拉向行间，呈45°角，形成“Y”字形的一个主枝。主干弯曲后弓背处发出数条徒长枝，长势旺盛，选其中角度、方向、距离适合的一枝作为“Y”字形的另一枝培养，其余徒长枝去掉。或定干后选留两个主枝。修剪时两主枝上以留侧生枝为主，背上枝多及早疏除（图1－1－4）。

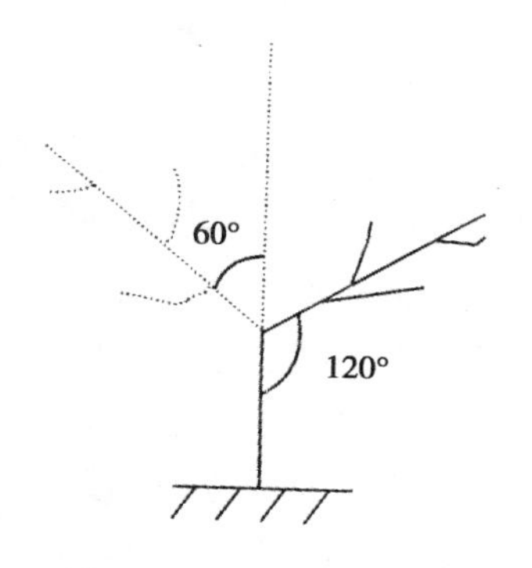

图1－1－4　“Y”字形

生产中应依品种，立地条件等灵活选择适宜树形。一般干性差，分枝力强的品种可采用开心形；干性强，分枝力强的品种可采用小冠疏层形；干性强，长势中庸的品种可采用纺锤形。

（四）不同年龄时期树的修剪

1. 幼树期

幼树的生长特点是生长旺盛，如不加控制几乎全部为长枝，常在主枝背上萌发竞争枝，形成“树中树”。此期整形修剪的任务以整形扩冠为主，在尽快形成树体骨架，扩大树冠的同时，兼顾结果，促控结合。整形修剪以夏季修剪为主，冬季修剪为辅，冬夏结合，多利用摘心、抹芽、拉枝等手段扩冠成形并促发短枝成花。长树和成花，枝叶量是基础，应尽量少疏枝或不疏枝，多留辅养枝，以利早成花结果，多利用生长季摘心促枝。多留枝以各级枝主次分明为前提，防止主次不分，树形紊乱。因此，自生长季开始就应严格按树形要求培养各级骨干枝，对影响骨干枝生长的枝条及早改造成枝组，无改造价值的尽早疏除。冬剪时，根据确定株行距有空间时主侧枝实行短截，剪去原长的 1/3 至饱满芽处，促进发枝扩冠，主侧枝实行单轴延伸，防止结果部位外移，内膛空虚。内膛有空间时可短截补空，对徒长枝、背上强旺枝、密生枝、交叉枝、重叠枝等疏除。树势过强时切忌大量疏除强旺枝或徒长枝，以免影响树体生长，使树体生长旺上加旺或急剧衰弱。

2. *初结果树*

初结果期树的生长特点是树形基本形成，树体营养生长强于生殖生长，枝条生长量仍较大。修剪的任务是进一步扩冠，完成树形培养，尽量多培养各级结果枝组。修剪以冬夏结合为好，夏季修剪以疏枝和摘心为主，疏去背上枝、过密枝和部分徒长枝，利用摘心促发中短枝，使果枝丰满，尽快进入盛果期。冬剪以疏枝为主，有空间时对主侧枝适度短截扩冠，一般留全长的 2/3，可形成较多的中短枝，有利于早结果。疏除强旺枝、竞争枝、密生枝、交叉枝、重叠枝，大枝过密时应进行清理，改造为大型结果枝组或疏除，切忌大枝过密，小枝稀少，内膛光秃，结果部位外移。骨干枝过于强大时应进行控制，利用弱枝带头或疏去其上过强过旺枝组，削弱其势力。

结果枝组的培养：

①对树冠外围和主侧枝上部发育枝实行适度短截，剪留枝长全长的 2/3，可形成较多的中短果枝，形成中小型结果枝组。不可短截过重，否则剪口下部芽旺长而抑制下部芽的萌发，引起树冠内膛小枝营养不良，甚至死亡。

②杏以中短果枝和花束状果枝结果为主，直接着生在主侧枝上的中短果枝和花束状果枝，培养结果枝组结果早，但分枝少，只靠顶部叶芽逐年向前延伸，寿命最长不过 5～6 年。这种枝组，在早

期丰产中作用较大，但进入盛果期后易衰退。因此，在主侧枝的下中部，自幼树期整形时就应有计划地利用生长势强的营养枝培养较大的结果枝组，以利盛果期丰产并防止内膛光秃。

③主枝或侧枝背上的营养枝演化形成的枝组有效结果寿命最长，但在幼年期间任期自然生长，容易直立旺长形成“树上树”，应采取“直出斜养”的手法，使枝组的基部着生于主侧枝上，而其分枝则成水平状态。

④角度大的营养枝，萌发力强，可形成较多的长中短果枝。对斜生的角度大的营养枝，可采取轻截或缓放的手法，待大量果枝形成后再分期缩剪，形成分枝较多的结果枝组。

⑤将辅养枝回缩改造成大型结果枝组。

3. 盛果期树

此期的生长结果特点是，枝条生长量明显减小，树体大小，树形结构已形成，果枝丰满，生殖生长占优势，产量最盛，盛果后期树冠内膛、下部枝组出现衰弱迹象，结果部位外移。此期修剪的主要任务是以枝组的更新修剪为主，多利用冬季短截促发营养枝，形成新的中短果枝和花束状果枝，维持生殖生长与营养生长的平衡，延长盛果期年限。修剪以冬季修剪为主，夏季修剪为辅。

（1）枝组回缩

枝组的衰退速度与其上花量和结果量过多有关，冬剪时应对枝组进行细致修剪。枝组回缩后枝轴缩短，更靠近骨干枝，不仅坐果率得到提高，而且增强其长势，促发营养枝，形成新的结果枝，防止早衰、内膛光秃及结果部位外移。除枝组回缩外，对角度过大或下垂的大枝及时回缩，增强生长势。

（2）培养强旺结果枝组

盛果期时，对树冠内膛和主侧枝下中部的强发育枝或徒长枝有空间时进行中短截，培养较大结果枝组。对背上枝采取重短截或夏季摘心的方法培养小型结果枝组。

(3) 疏枝

盛果期时，疏除树冠上部及外围过密枝、交叉枝、重叠枝，改造上部及外围过大过密枝组使之小型化，以增加树冠内膛光照。对树冠中下部衰弱的短果枝和枯死枝要疏除，以节约养分，增强树势。

(4) 维持骨干枝头的势力

冬剪时对衰弱的枝头在有强枝处回缩或用背上强枝换头，维持树势，防止早衰。

4. 衰老期树

衰老期树的特征是树冠外围枝条生长量很小，枝条细弱，花芽瘦小，骨干枝中下部光秃，内部枯死枝增加，结果部位外移，产量和品质明显下降。此期修剪的主要任务是更新复壮骨干枝和结果枝组，恢复树势。杏潜伏芽数量多，寿命长，冬季对骨干枝中后部空虚的地方进行重回缩，迫使潜伏芽萌发，对发生的徒长枝中短截培养新的结果枝组。枝头下垂的主侧枝选择角度较小，生长健旺的背上枝作新的主枝延长枝。

四、怎样提高杏果、李果产量质量与效益

(一) 保证杏、李花芽分化期的营养供应

杏树、李树比较容易形成花芽，其花芽分化期共分 6 个小时期。花蕾分化期，最早出现在 6 月下旬，7 月上旬达高峰期。这个时期正是果实生长旺季，在比较干旱的地区，要加强果园灌溉，同时，进行叶面喷肥，提高花芽分化质量。花萼分化期在 7 月下旬至 9 月下旬，8 月中旬为高峰期。花瓣分化期在 8 月上中旬开始，可延续到 9 月中旬。进入花瓣分化期后，其分化进程加速。雄蕊分化期在 8 月下旬到 9 月中旬。雌蕊分化期最早在 8 月下旬，可延续到 10 月上旬。组织分化期在 9 月下旬到 12 月。根据以上的分化时期，针对早、中、晚熟品种的生长发育特性，在杏果采收后，要及

时增施有机肥，加强肥水管理，才能保证来年丰产。

应用生长调节剂，如多效唑 PP333 可调节杏树营养生长与生殖生长的关系，控制树冠大小，促进侧枝萌发，开张角度，控制生长，促进花芽分化，提高果品质量及耐贮性，增强树体抗逆性等。

对杏园、李园进行中耕锄草，不仅可以疏松土壤，清除杂草，减少土壤水分蒸发，而且可以减少病虫滋生的场所，减轻杏树的病虫害。特别是在夏、秋季对杏园、李园进行中耕锄草时，正值杏、李树花芽分化期，中耕松土可有效地抑制营养生长，促进花芽形成，为次年获得丰收创造条件。

果园覆草能够增加根系土壤含水量，同时，增加土壤中有机质含量，提高花芽分化质量，提高坐果率。

合理的夏剪，可以控制杏树生长，减少营养消耗，促进花芽分化，对提高杏产量起着重要的作用。进行夏剪，主要是疏除新梢中的徒长枝、竞争枝及背上枝。疏除过多、过密的枝条，可改善通风透光条件。在 6 月下旬开始摘心，可刺激萌发二次枝，增加枝芽级次和数量，夏剪应在 6～8 月多次进行。

（二）杏、李栽培要做到适地适栽

果品的质量由外观和内在的品质两大方面构成。对外观质量的要求是，具有品种固有的特征；对内在品质的要求是，具有品种特有的风味，酸甜可口，香气浓郁，肉质细脆等。

果实品质要提高，首先要适地适栽。这样，才能让品种固有的品质表现出来。在同一产区，对同一品种的杏树采用不同的栽培技术，加上不同的采后处理技术，就会生产出不同质量的杏果品。栽培技术越高，杏李果品的质量也就越高。采后处理，包括贮藏保鲜，销售前的清洗、挑选、分级、贴标和包装等，这些技术能否配套推广，是提高杏李果品质量的重要因素。

（三）做好适时采收工作

在正常气候条件下，不同品种在同一地区其果实都有比较稳定的生长发育时间，由盛花期到成熟期所需要时间也比较固定。杏果的成熟期，可分为采收成熟期和食用成熟期。采收成熟期是指杏果体积不再增大，稍加旋扭和抬高，果柄即可脱落；而食用成熟期，是指果实最好吃的时期。为了有利于长途外运和货架贮存，杏果往往需要按采收成熟期采收。

（四）注重防止裂果

果实成熟期雨水较多时，定要注意排水设施的配套并喷施钙及防裂果药，以减少裂果，提高商品坐果率。

（五）配置相适应的授粉树

当前杏李园坐果率低的原因之一，是授粉树配置不当。为了改变这种状况，对品种单一的杏李园，要做好高接授粉树的工作。高接授粉树宜在春季进行，以腹接或皮下接效果最好。要选择与主栽品种有良好杂交亲和性、花期一致、花粉量大的品种，作为授粉品种。采用行间配置的，主栽品种与授粉品种的株数比例为4：1，例如，华县大接杏可用骆驼黄杏、凯特杏作授粉树等。

授粉树的产量和经济效益，是果园收益的重要组成部分之一，在栽培管理上要同主栽品种一样管理。只有采用配套的栽培管理，授粉才能保持败育低、花粉量大和果实丰产优质的最佳状态。

（六）完善产业链，搞好杏果加工

杏树生产不能只注重产前管理，产后环节更加重要，这就必须要求提高杏果的附加值及产后效益，搞好包装、贮运、安全卫生加工环节的科学研究，改变小作坊式的加工模式，完善产业链，与现代自动化生产加工接轨，以实现杏树产业的可持续发展。

五、杏树花期晚霜冻害的综合预防措施

（一）选育花期抗晚霜危害的品系

不同杏品种花器官的抗寒性是不同的，因此，选育花期抗晚霜危害的杏新品系是解决杏树花期霜冻的根本措施。

（二）选择适宜的园址

杏树建园一般宜选择地势较高的地块，最好选择背风坡地的中上部建园。这样不仅可以降低风力，而且可以避免冷空气的沉积。在山区要选择半阳坡的斜坡或山顶（坡度最好在15°以下，以免水土流失严重）建园。不宜选择盆地、洼地、密闭的槽形谷地，因为这些地方容易集结冷空气而发生晚霜危害。

（三）选用晚开花品种以错过倒春寒的危害

不同杏品种开花期不一，受早春寒害程度也不一样。花期若能躲过倒春寒危害，则授粉受精良好，坐果率相应较高。因此，不同地区建立杏园时应选择品质优良、丰产性强、开花期较晚。在当地能适当错过一般春季倒春寒危害的品种。

（四）延迟开花时间，远离霜冻时期

对于霜期较短、低温出现次数较少的地区，采用推迟开花的措施，可有效地减轻晚霜危害。延迟杏树花期的主要措施有枝干涂白、覆草加灌水和花期喷水降温等。

①于8月中下旬喷施150倍液果树促控剂PBO，可推迟翌年杏花期2～5天。

②在休眠期用8%的生石灰溶液喷洒主干及主枝，或晚秋和早春树干涂白，可减少树体对太阳能的吸收，不仅防止休眠期枝干冻害，还可延迟花期3～5天。

③早春在树盘或全园覆草加灌水，可以降低地温，延迟花期。

④在盛花期前25天开始，中午喷水降温，每3天喷1次，连续喷5～6次，可延迟开花。

⑤萌芽前对全树喷萘乙酸钾盐水250～500mg/kg，可延迟花期5～7天。

⑥花芽膨大期，喷施青鲜素500mg/kg可以延迟开花。

（五）熏烟防晚霜危害

熏烟可减少土壤与近地面空气的热辐射损失。于春季开花期有霜冻预报时，在霜冻来临前的夜晚，在杏园燃烧麦秸、柴草等熏

烟，或用电子自动点火熏烟器，在烟堆较稠密而又加了烟雾剂的情况下，可使气温提高1.5℃左右。在霜冻不太严重的情况下，采用此法效果良好，能增加杏园气温，减轻霜冻危害。

六、杏、李树常见病虫害综合防治

病虫害的综合防治，是保证杏李树正常生长发育、开花结果、实现无公害高产稳产的重要环节。

（一）病害及其综合防治

1. 杏疔病

（1）症状

新梢染病后生长缓慢或停滞，严重时干枯死亡。发病部位节间短而粗，幼叶密集呈簇生状。病梢表皮发病初期呈暗红色，后为黄绿色，其上有黄褐色凸起小粒点，即病菌分生孢子器。叶片受害后变黄、肥厚，并从叶柄沿叶脉发展，明显增厚，呈肿胀状革质，与正常叶片区别明显。

（2）防治措施

该病发生时间集中，可抓住早春发芽的关键时期进行防治

①灭除越冬病源：结合冬季修剪，剪除病枝病叶，清洁杏园，集中烧毁或深埋，生长季节及时剪除病枝病叶。连续2~3年即可根除。

②早春萌芽前喷5波美度石硫合剂，展叶后再喷0.3波美度石硫合剂。

2. 根腐病

（1）分布及危害

主要危害苗木及幼树，特别是重茬地繁育苗木，易导致此病发生。此病分布于大部分杏产区，属真菌性病害。

（2）症状

病菌从须根侵染，发病初期，部分须根出现棕褐色近圆形小病

斑。随病情加重，病斑扩展成片，并传到主根、侧根上。侧根、主根开始腐烂，韧皮部变褐，木质部坏死。地上部分随即出现新梢枯萎下垂，叶片失水，叶边焦枯，提前落叶，以至于凋萎猝死。

（3）防治措施

①避免在重茬地上育苗、建园，及大树行间育苗。

②苗木栽植前，用硫酸铜 100 ~ 200 倍液浸根 10 分钟。

③病树灌根。灌根一般在 4 月下旬进行。即对已发病植株，若是大树，在树冠下距主干 50cm 处挖深、宽各 30cm 的环状沟，在沟中注入杀菌剂，然后把原土回填沟中；若是幼树，可在树根范围内，用铁棍钉眼，深达根系分布层，于眼中注入杀菌剂；若是圃地幼苗，可用喷雾器喷药，重点喷布根茎部位。常用药剂有硫酸铜或 2 ~ 4 波美度石硫合剂。

3. 褐腐病

（1）症状

果实在接近成熟时最易感染此病，初侵染的病果产生圆形褐色斑，病斑下果肉变褐软腐，病斑上出现同心、轮纹状排列的数圈隆起白色和灰褐色的绒毛霉层，此即为分生孢子。病斑很快扩展至全果，病果脱落或失水干缩成褐色僵果。僵果是菌丝与果肉组织形成的大型菌核，可悬于枝头经久不落。

（2）防治措施

①随时清理树上和树下的僵果和病果，清理杏园，剪除病枝，集中烧毁，以消灭病原。

②落叶后至发芽前，喷布 5 波美度石硫合剂 1 次，消灭病菌。初花期喷布 70% 甲基托布津可湿性粉剂 800 ~ 1 000倍液。幼果期喷代森锌可湿性粉剂 500倍液，每 15 ~ 20 天一次，共喷 3 次。果实采收后，喷 50% 退菌特 800 倍液，控制病菌对枝叶的感染。

4. 流胶病（又名树脂病）

（1）分布及危害

主要危害枝干及果实，是一种非侵染性病害，由真菌、细菌引起，发生范围广泛。

（2）症状

枝、干受害后，在春季于发病部位流出淡黄色半透明松脂状的树脂，凝固后呈黄褐色、坚硬的块状胶体，粘在枝干上。流胶处常呈肿胀状，皮层和木质部变褐腐烂，进而被其他病菌所感染。随着流胶量的增加，病情加重，叶片变黄，树皮开裂，枝干死亡，树势严重削弱，甚至引起全树枯死。

（3）发生规律

在土质黏重，生长缓慢，树势衰弱时易发生。树体上的伤口是导致流胶的主要原因，如由虫害、日灼和机械损伤、雹伤、冻伤等引起的伤口，均能引发流胶病。

（4）防治措施

①加强杏园管理，改善土壤理化性质，提高土壤肥力，增强树势。

②防治虫害，防止冻害、日灼，减少枝干机械损伤。可于晚秋或早春涂白树干及主枝预防。

③早春发芽前及秋季落叶后刮除病部，全树喷施强力清园剂或5波美度石硫合剂，伤口涂保护剂。

5. 细菌性穿孔病

（1）分布及危害

主要危害叶片，其次危害一年生枝和果实。可危害杏、李、桃等核果类果树。

（2）症状

被害叶片在染病初期发生不规则或圆形水渍状小斑点，扩大后呈红褐色，周围有黄绿色晕圈，病斑干后呈环状开裂，形成穿孔。若干病斑相连，可形成较大穿孔，严重时引起树体落叶。

（3）防治措施

①及时清除杏园内枯枝病叶、病果，并集中烧毁或深埋，以根除菌源。

②早春萌芽前喷布5波美度石硫合剂。

③展叶后喷代森锌300～500倍液或噻唑锌、农用链霉素等。

④进入雨季之前喷硫酸锌石灰液（硫酸锌0.5kg＋生石灰2kg＋水120kg）。

6. 李红点病

（1）症状

叶被害初期，叶面生橙黄色近圆形病斑，稍隆起。随着病斑的不断扩大，颜色逐渐加深，病部叶均增厚，并与其上产生许多深红色小点粒。病重的植株，叶片上病斑密布，叶色发黄，造成早期落叶。

（2）防治方法

①彻底清除病叶病果，集中烧毁或深埋。

②开花末期喷200倍石灰倍量式波尔多液。

③注意排水，中耕，避免果园湿度过大。

7. 疮痂病

（1）症状

发病部位多在果实肩部，初期果实病斑为暗绿色近圆形小斑点，以后逐渐扩大，严重时连接成片，果实近成熟时，病斑呈黑色或紫黑色。病斑仅限于表皮，病斑组织枯死后果实继续生长，病果发生裂果，形成疮痂。

（2）发病规律

病原菌以菌丝体在杏树枝梢的病部越冬，翌年4～5月产生分生孢子，随风雨传播。分生孢子萌发产生芽管，可直接穿透寄主表皮的角质层而入侵。温室环境下更易发病。

（3）防治措施

①结合冬剪，剪除病枝烧毁，萌芽前落叶后喷施强力清园剂300倍液或5波美度石硫合剂。

②落花后，喷布索利巴尔100倍液或700～800倍液特普唑2 000倍液或福星（氟硅唑）6 000倍液，或进口代森锰锌1 000倍

液或络氨酮 800 倍液，隔 15 天再喷 1 次。

（二）虫害及其综合防治

1. 杏仁蜂

（1）分布及为害

广泛分布于北方杏产区，为害树种有杏、桃。主要是蛀入杏核，蛀食杏仁。

（2）被害状

以幼虫为害，在杏核内蛀食杏仁，可将杏仁吃光，造成果实干缩挂于枝上或大量落果，引起减产。

（3）防治措施

①拣拾园内受害落果，摘除树上僵果等，集中深埋或烧毁，以消灭越冬幼虫。

②深翻树盘，将落果埋入土中，使成虫不能出土。

③成虫羽化期，在地面撒 3% 辛硫磷颗粒剂，大树每株 100g；或施 25% 辛硫磷胶囊，每株 30 ~ 50g，或喷 50% 辛硫磷乳油 30 ~ 50 倍液，喷药后浅耙，使药土混合。

④落花后树上喷 20% 速灭杀丁乳油或敌杀死 2 000 ~ 2 500倍液，杀灭成虫，防止产卵。

2. 蚧壳虫类

为害杏、李的主要蚧壳虫有球坚蚧、桑白蚧等。

（1）被害状

成虫、若虫群集固定在枝条上吸食汁液，受害处皮层坏死后干瘪、凹陷，造成树势衰弱，受害严重的，枝条干枯死亡。

（2）防治措施

①早春发芽前，喷 5 波美度石硫合剂或强力清园剂。

② 5 月中旬，雌虫产卵前人工刮除。

③ 5 月底，初孵化若虫从壳内爬出时，喷施 28% 蚧宝乳油 800 倍液或 2.5% 溴氰菊酯 2 500倍液或毒死蜱乳油 1 000倍液或 40% 速扑杀乳剂 700 倍液或 25% 噻嗪酮悬浮剂等，隔 15 天再喷 1 次。

④保护利用天敌黑缘红瓢虫，尽量少施广谱杀虫剂，以天敌治虫。

3. 蚜虫（又名油汗）

（1）被害状

密集在嫩梢、叶片背面及果实上，吸食汁液，造成叶片向背面卷曲，影响新梢生长，导致叶片变黄脱落。果实受害后，生长受阻，果个小，造成结果树大量落果，降低产量，削弱树势，其分泌物污染叶面和果面，影响销售。

（2）防治措施

①萌芽后树体喷布 1 000倍液扑虱蚜或 2.5% 溴氰菊酯乳油 2 500 ~3 000倍液或将 10% 烟碱乳油按 1∶1 000喷雾，也可用50% 抗蚜威可湿性粉剂 2 500倍液喷雾。

②杏园不间作或附近不栽培油菜、白菜、马铃薯等作物。

③保护和利用瓢虫、草蛉等天敌。

4. 天幕毛虫（又名顶针虫）

（1）被害状

幼虫群集叶上，吐丝结成网幕、取食嫩芽和叶片，该虫大面积发生，往往造成早期落叶乃至绝产。

（2）生活史及习性

1 年发生 1 代，以孵化的幼虫在卵壳内越冬，翌年 4 月杏树展叶时破壳而出，取食嫩叶。并在小枝杈上吐丝结网群居其中。白天潜伏网中，夜间出来取食。附近的叶片吃完之后又迁到别处结网为害。幼虫蜕皮 4 次于网上，接近老熟时分散为害。幼虫突然受到振动时，有吐丝下垂和附地假死的习性。

（3）防治措施

①结合修剪，剪除卵块，集中烧毁。

②利用幼虫有假死性的特性，可在白天震动树干，消灭幼虫。

③ 4 ~6 月，可在幼虫期喷 50% 辛硫磷 1 000倍液或 1.8% 杀虫素 1 000倍液喷雾或喷施 1 000倍液高效氯氰菌酯乳油，隔 15 天喷

1 次。

5. 红颈天牛

又名钻木虫、铁炮虫。以幼虫蛀食树干，引起流胶，削弱树势，严重者造成枝干枯死，并易遭风折。

（1）被害状

以幼虫用咀嚼式口器取食韧皮部、木质部和形成层，蛀成弯曲的孔道，把虫粪挤出孔外。破坏树体养分和水分的输导功能和分生组织，严重者使树体死亡。

（2）防治措施

①在成虫羽化前进行树干和主枝基部涂白，防止成虫产卵。涂白剂为生石灰：硫黄粉：水＝10：1：40。

②6～7 月间成虫出现时，用糖、酒、醋（1：0.5：1.5）混合液，诱杀成虫，或喷洒西维因可湿性粉剂 150 倍液，或 25% 溴氰菊酯乳剂 3 000～4 000倍液。

③成虫发生期也可组织人工捕杀，最好是在雨后晴天成虫最多时进行。

④掏幼虫。将钢丝钩伸入排粪孔内，尽量达到底部，当发现钢丝转动由清脆变沉闷时，说明已钩住幼虫，轻轻拉出，之后用泥团封堵虫孔。

⑤将 1/4～1/2 磷化铝片剂，塞入较深的蛀孔内，用黄黏泥封闭蛀虫口。

6. 李小食心虫

（1）被害状

以幼虫蛀咬杏果、李果，幼虫在果内绕核串食果肉，将粪排在果内，形成“豆沙馅”。果内虫道充满虫粪，严重时蛀果率可达 60%～70%。果顶有一明显蛀果孔，如针孔一样，孔周围呈现淡褐色，并稍凹陷。

（2）防治措施

①地面防治。掌握在越冬幼虫出土之前，早春深翻树盘并在树

冠下喷药。喷施药剂有75%辛硫磷300倍液，也可在树干周围覆盖地膜，使幼虫出土后不能化蛹而死亡。

②树上喷药。成虫羽化期，及时喷洒50%辛硫磷乳油2 000倍液或50%杀螟松乳油1 000～1 500倍液或敌杀死2 000倍液，可降低蛀果率。李树7月1日左右，需再喷药1次。

③摘除虫果。于第一代幼虫脱果前（6月下旬开始），摘除拣拾落地虫果深埋，可减轻虫源。

7. 红蜘蛛

（1）被害状

越冬成虫以刺吸式口器吸食叶片及嫩梢汁液，同时，为害花蕾、花萼。嫩芽受害后，不能展叶开花或开花很小，重则发黄焦枯。叶片被害后最初呈现很多失绿小斑点，随后扩大成片，全叶枯黄脱落。不仅影响当年产量，而且导致次年减产。

（2）防治措施

①树体发芽前喷3～5波美度石硫合剂或强力清园剂300倍液。

②秋末在树干上绑草把，诱集越冬雌成虫，于早春取下烧毁。

③发芽前刮除主干及主枝上的翘皮、粗皮，集中烧毁。

④在越冬雌虫出蛰盛期及第一代卵孵化盛期喷洒7501杀虫素3 000～4 000倍液，或10%氯氰菊酯乳油2 000倍液，或达螨灵1 000倍液。

七、兔害及草害的防治

（一）兔害的防治

兔害常于冬季或早春时发生，可将杏树地面以上至30cm处树干皮层，啃食一圈或一部分致树体死亡，为害很大。防治措施：

①保护猫头鹰、雕等天敌生物。

②树干基部涂抹动物血或用家兔粪尿加水及白灰调成糊状物，配成涂白剂，刷涂树干，也可果园四周围网防兔进入。

③幼树期间主干、主枝绑草绳及塑料布条。

（二）草害的防治

果园内各种草害大面积发生，防除杂草治早、治小、治了是关键，所用除草剂必须是对果树根系无影响的药剂。经过几年试验对比。早春杂草发芽至5cm高时，喷施百草枯，隔15天左右再喷一次，连喷四次，可根治草害发生，较农达、草甘膦等除草剂效果好，可推广使用。

第二章　葡　萄

一、大同地区葡萄高产高效栽培技术

（一）建园

葡萄园地应根据地形、地貌等自然条件，栽培方式和社会经济条件做好规划工作，主要包括品种选择与配置、栽植密度与方式、道路设施建筑物、作业区、防护林、土壤改良、水土保持、病虫害防治、灌溉系统和排水系统的完善等工作。合理地规划与设计是保证葡萄园丰产、优质、高效益的必要条件。

1. 整地

（1）全园深翻整地

这种方式适用于河滩地、平地或坡度较小的地块，通过深翻将土层翻起，然后施加足够的基肥，这样可以有效地提高土壤的肥力。同时，也有助于土壤保肥性能和保水性能的改善，促进土壤团粒结构的分解，有利于葡萄的根系扎得深，长得快，须根多，吸水吸肥和运输能力旺盛，使葡萄结果更大，高产得到有效保证。

（2）水平沟整地

坡度25°以下的丘陵山地，先沿等高线随山就势开挖深宽各1m的环山水平沟，表土放在上沿，生土放在下沿，回填时从上沿刨土，将上沿的表土、杂草填于沟内。回填后田面保持1.5m宽左右，边沿留高30cm的土埂，形成外高里低的台面状况，以利于大雨时排水和拦截降水。有水浇条件的要浇水沉田，无浇水条件的要等过一个雨季再栽植。

2. 园地规划

百亩以上的葡萄园行的长度以50m为宜，不超过100m，将园地分成4~6个小区，使每个小区占地面积为20亩左右，在小区与小区之间规划好运输道路，道路宽以5~6m为宜。小区内部也酌情分片留出作业小道，宽度2~3m，以便于肥料运输，农机具通行和采后运销等。

整个园地应根据水源的位置，规划好灌溉渠道，即主渠、干渠和分渠。主渠的先端与水源相连，末端与干渠相通，灌溉水通过干渠分别进入各个分渠，每个分渠进口设一闸口。

在每个小区的分渠边缘内侧，即作业道旁均应建造储肥池即化粪池，化粪池的上口应与分渠渠埂相平。池边靠分渠一侧分别留两个进出水口，规格根据水流量大小以25cm×25cm或30cm×30cm均可，出水口位置应低于进水口10~15cm。化粪池应用砖或石头砌成，并用水泥砂浆防渗，池的容积为$5m^3$左右。

3. 建园方式

（1）砧木苗建园

栽砧木苗（如贝达、山葡萄等）建园的优点是建园成本低，定植砧木苗成活率高，品种嫁接搭配比较容易掌握，株行距规范，树体大小一致，生长旺盛，早期丰产稳产，便于集约化经营管理。缺点是后期费时费工，需第二年进行绿枝嫁接所需品种，并推迟了结果时期。

（2）直接定植嫁接苗建园

省略了嫁接环节，直接栽培嫁接成品苗，缺点是缓苗的时间长，前期树长势不旺。用抗寒砧苗培养的嫁接苗建园可提高植株抗逆性，对土壤环境适应性强，并可减少越冬埋土厚度，节省埋土、出土人力。

（3）自根苗建园

利用一年生成熟良好的品种枝段培育成的苗木称为自根苗。自根苗建园费用低，栽后植株根系发达，生长速度快。缺点是抗寒性差，每年必须增加埋土防寒厚度。此法保护地应用较多，露地栽培大同不提倡。

（二）选择良种

根据果园的气候、土壤条件、当地和周边人民的生活习惯及国内外市场需求，因地制宜选择适宜的栽培品种。大同地区选择葡萄品种，应选枝条木质化程度高，产量稳定，外观美丽，含糖量高的鲜食品种为好。在同一葡萄园内选择成熟期尽可能一致的品种，这样便于统一采摘，集中管理，减少人力物力资源的浪费。在可供选择的品种中选择最适宜当地栽种的优良品种或品系，确定品种组合必须对所选品种的丰产性能、品种抗性有全面了解，最终确定 3～5 个主栽品种。

“良种是相对的，市场是绝对的”，这是认识葡萄良种的辩证法观点。有些良种在一定的时间和空间里，确实是优良的品种，但是随着时间的推移和市场的变化就可能落伍而不再是人们喜爱的好品种了，所以，葡萄需要不断地更新优良品种。

（三）葡萄架式

1. 双壁篱架双行栽培

大行距 3～3.5m，小行距 0.7m，株距 1m，双行错落栽植。要求定植沟的宽度最少不少于 1m，行内设两排立柱，间隔 5m1 组，每组 2 根对称栽立柱呈上宽下窄状态。柱高 2.5m，入地 0.5m，横拉 4 道铁丝，间隔 0.5m，共 2×4 道铁丝。每株培养 2 个主蔓，高度达 1.8m 后封顶，蔓距为 0.5m。完全成形后株产 5kg 左右，亩产为 1 500～1 650kg。秋施基肥必须在沟畔两侧同时进行。

该架式的优点：通风良好，便于采光，树体操作管理方便。缺点：开挖定植沟和秋施基肥以及防寒埋土和春季出土等动土方量大，增加了栽培前期和管理过程中的投工量，同时，也加大了肥料投入量。因设双排立柱，使架材的投入也很高，很大程度地增加了生产成本，造成了不必要的浪费。此种架式，大同南郊葡萄生产中应用较多，建议逐渐改进。

2. 篱棚架与小棚架栽培

行距 3 ~ 4m，株距 0.5 ~ 0.6m，单行栽植。立柱用 12cm × 12cm × 250cm 水泥柱，顺栽植行一侧，与植株上架相反方向距栽植沟中心线 20 ~ 30cm 处间隔 5m1 根，垂直栽立柱，埋土后高度 2m。栽时力求使行与行之间立柱前后左右对称平行，并在四边边柱的内侧设戗柱或在外侧埋地锚拴拉揪铁丝。行向应根据地形和抗风来决定，使东西行向栽植的枝蔓向南爬，南北行向栽植的枝蔓向东爬。

棚架面将长度 3 ~ 4m 木棍在立柱上部用铁丝捆绑固定纵向连接，使架根高度 1.8m，架梢 1.9m。或根据管理人员的身高来决定，以站在架根不碰头，伸手操作不吃力为宜。篱架面设三道铁线，第一道铁线离地 1m，其余间隔 0.4m 左右；棚架面设 5 ~ 7 道铁丝，间隔 0.4m 平行固定在木棍上并绷紧。

植株生长后每株只培养一个主蔓也可双蔓，逐年延长至第 8 道铁丝封顶，每行留 1m 空隙作为管理通道和通风透光。运用独龙干整枝方法，使植株边结果，边延长生长，每株培养 8 ~ 12 个结果枝组，每个枝组每年只保留 2 穗果，并在整穗疏果的前提下，将株产控制在 6kg 左右，小棚架株产可高些达 7kg 左右。每年葡萄出土上架时，用吊绳将主蔓从架的内侧固定捆绑，下架时剪断吊绳，主蔓自行落地，可减少因上下架而拆架的不必要用工。该架式优点是架面光照均匀，植株生长和年产量稳定，同时，由于结果位置高，可减少雨后泥水对果面的污染，并可最大限度地克服日灼病和减轻鸟害，产出品质较高的商品果。因下部无枝叶，空间大，使底风通透良好，可减少病虫害的发生（图 1 - 2 - 1、图 1 - 2 - 2）。

3. 双壁篱架密植栽培

行距 3m，株距 0.4 ~ 0.5m，单行栽培，行向南北为宜。顺栽植行中心线垂直栽立一排立柱，间隔 5m1 根，柱高 1.8m。柱上东西向固定 4 道横担，以木棒或角铁为材料，下边第一道横担离地

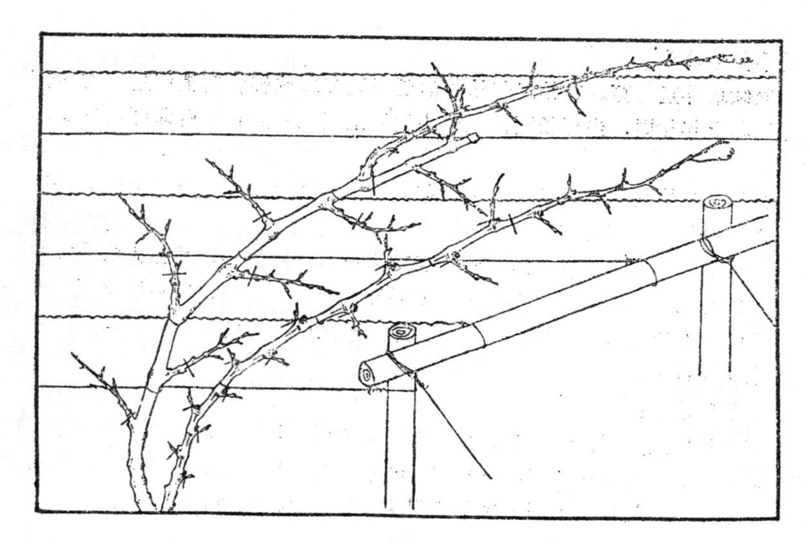

图 1－2－1　二年生留双蔓整形修剪

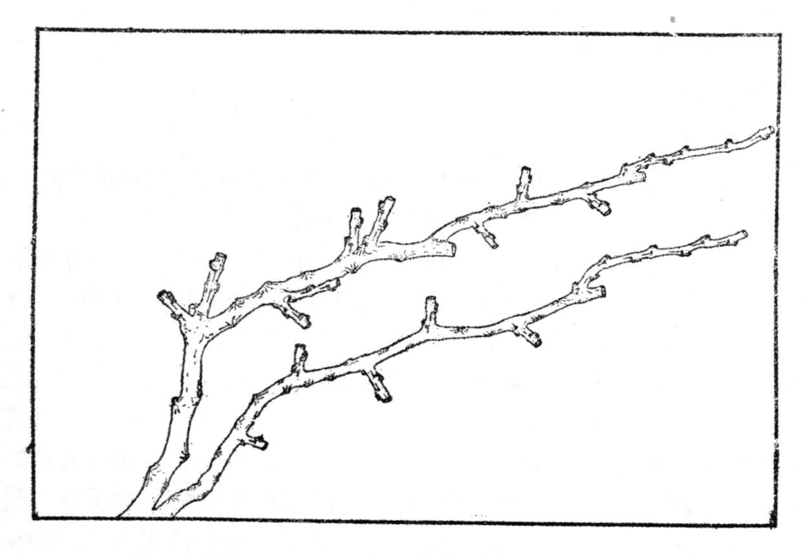

图 1－2－2　三年生葡萄留双蔓冬剪状

0.6m，其余每间隔0.4m固定1根。横担的长度应根据行距大小，截成下部短上部长。如行距3m情况下，近地面第一道横担应是1m，上部1.3m。在横担的两个末端分别将铁线南北平行拴拉固定，共2×4道铁丝，呈倒八字架形。在所有栽植行的南北两端第一立柱上分别设立戗柱或地锚揪线。

苗木萌芽生长后，每株只培养一个主蔓生长，隔株交替分别引缚在两侧架面上，当主蔓逐年生长到位后封顶。该架形栽培蔓距为0.8m，用独龙干整枝方法每株选留4~5个结果枝组，每个枝组平均保留2个果穗，在整穗疏果时将单株结果量控制在4kg左右，亩产为2 500kg左右。

该架式通风透光条件好，各项操作管理方便，并因合理密植，使单株负载量减轻，可提前进入和延长生长年限，并可产出品质较高的商品果，稳产高产。

缺点是植株极性强，夏季主副梢生长旺盛，管理工作量加大，结果部位上移现象明显。

（四）栽植技术

1. 开挖定植沟

（1）开沟施肥

开沟宽度0.4~1.0m，深0.8~1m。有机械作业挖沟的且浇水方便的情况下，可一次性挖宽沟省工、省事。

开沟前先测出中心线，开挖时将生土和熟土分开放，沟开好后先用作物秸秆、杂草、锯末或炉渣等在沟底平铺0.2~0.3m并踩实，沙性土壤可减少用量，之后将粪肥如鸡粪、羊粪、牛粪、猪粪、农家肥和磷钾肥、硫酸亚铁等与表土混合填入沟内。粪肥的施入量应为，沟的下半部土：粪肥比为4∶6，沟的上半部土：粪肥比为7∶3。回填土全部用表层熟土与肥料混合，如不足时可从行间挖取，余下的生土用来整理畦埂。未经腐熟发酵的肥料可在沟的下半部分施用，沟的上半部分栽苗位置应绝对禁止使用生肥，必须用已经充分腐熟发酵的肥料。

沟回填后将沟口整成 0.4～1.0m 的宽畦，浇水沉实，栽植畦的深度看苗木种类而定，自根苗定植的，畦离地面的深度应为 0.2m 以上，嫁接苗或抗寒砧苗定植的，畦的深度 0.1m 即可。

（2）扩沟施肥

挖沟宽度 0.4m 的，需第二年秋扩沟并施肥，具体挖沟方法和肥料用量与初开沟相同，所区别的是，此次开沟应紧靠原栽植沟畔的一侧，挖宽 0.3m，深 0.8～1m 的沟。随着植株逐年生长，根系不断增大，应在下一年同期在沟的另一侧以同样的方法扩沟施肥。此时植株已经成形，产量已基本或已经达到要求的标准，对土壤中营养成分的要求明显增加，而恰在此时，定植沟的宽度和深度以及肥料投入量已经达标。以后，仍按照上述方法，每隔 1～2 年进行一次扩沟补施基肥，则可促进葡萄稳产高产。

2. 苗种质量及处理

用于栽种的种苗，应该根系不发霉、苗茎皮不发皱、芽眼和苗茎用刀削后断面鲜绿、色泽新鲜、枝条健壮、无损伤和病虫为害。对于嫁接苗来说，除以上各项标准外，嫁接苗的砧木类型应符合要求，接口应愈合良好。

将苗木置于 1 000倍液多菌灵药液中浸泡杀菌处理，同时，使苗木吸足水分，对成活率由极大的帮助。植物生长素蘸根，能有效地促进新根生长，通常用生根粉或萘乙酸溶液浸根，以增加新根数量。

3. 栽植时间

栽苗分春栽、夏栽和秋栽，各有利弊。

（1）春栽

栽苗前 24 小时先将苗木用清水浸泡，使其吸足水分，栽前从水中捞出来将根系适当修整，所有根端均应剪出新鲜创口，以促进新根生长，苗茎以上枝段保留 2～3 个饱满芽眼后剪截。边整边剔除次苗、弱苗，然后将根系用黏土和有机肥各半混匀和成泥浆，浸蘸后装入塑料袋中备用。大同春栽时期为 4 月 20 日至 5 月 10 日。

春季表土温度稍高，栽苗宜浅不宜深，以剪留枝段露出土面为宜。注意：栽后切忌大水漫灌，以免降低地温，可用窝水灌根使土自然坠实。黏性土地栽后切不可用手压或脚踩，待水渗透后将苗木四周用木板刮平，随即用地膜覆盖，有利提高成活率。

地膜覆盖后将苗木枝段从膜下穿透出芽眼，用土培成高10cm的小土堆压膜并盖严苗木，如用嫁接苗建园，则因苗茎较高，可改用塑料袋套上。所有这些附加措施看似不太重要，但可避免风干，促进萌芽，对提高成活率起着很大的作用。套塑料袋的嫁接苗枝段，10～15天检查上部芽眼稍有萌动时立即撤去，选阴雨天摘袋。

（2）夏栽

夏季栽培多用营养钵绿枝苗，该种苗木是将一年生成熟良好的品种枝条，或砧木枝条通过硬枝嫁接后，进行先催根或边催根边促进伤口愈合，最后催芽并配合保护地提前生长培养而成。该种苗栽后不需要缓苗，直接进入生长，成活率高，保护地设施栽培应用夏栽效果较好。

绿枝苗的适栽时期较长，是每年的5月20日至6月20日，在这段时间内栽的越早，生长越好。

（3）秋栽

秋栽宜用营养钵假植苗，夏季农事安排让不出地块情况下多用此法。先把营养钵幼苗在6月上旬栽入15cm×20cm的大营养钵中，在田间做畦，畦深20～25cm，宽1m，长度视营养钵数量而定，将其紧密摆放在畦内并整平，四周整好畦埂后浇水，用田间管理的方法集中管理。

秋季定植时脱去营养袋，带土坨入定植穴内。秋栽的优点是栽苗前后土温较高，能迅速使根系和土壤结合并生出新根。虽说多了一道埋土防寒的程序，但次年春萌芽早，萌发快而整齐，生长量增加，可收到事半功倍的效果。适宜秋栽的时间是8月10日至9月10日，而且越早越好。

4. 栽后管理

对幼苗的栽培管理是大同地区葡萄栽培技术管理难度最重要的一项技术，在大同风沙气候条件下，管理的好坏是成败的关键。

（1）幼树摘心

不论当年春栽、夏栽或秋栽的苗木，当嫩枝生长至10cm左右时，每株只选留1个壮枝，多余嫩梢贴根抹除。当苗高达20cm左右时，应用吊绳缠绕垂直拴在架上离地面第一道铁线上，使之直立生长并避免被风刮断。长势较强的植株当苗高达1.2m时实施摘芯，摘芯前后主蔓上长出的副梢，除离地面60cm以下全部抹除外，其余副梢都留1~2片叶子反复摘芯。主蔓顶端延长枝可留0.3~0.5m二次摘芯，所有二次副梢均留1~2片叶反复摘芯；长势较弱的植株，不论高矮，应在7月25日左右全部对主梢摘芯，摘芯后长出的所有副梢除顶端1个留5片叶外，其余全部留1片叶子反复摘芯。做到枝到不等时，时到不等枝。这样做的目的是把后期的无效生长和消耗转变成有效积累，使主梢增粗，木质化程度提高，为安全越冬和第二年的旺盛生长奠定坚实的基础。

（2）幼树肥水管理

为了促进植株生长旺盛，早日成形，前期的肥料供应应以氮肥为主，同时配合有机肥。从6月1日开始根据天气情况，每隔10~12天从膜下浇水一次，每次浇水不走空水，随水浇灌经化粪池发酵过的粪液，鸡粪、猪粪、人粪尿均可。浇灌前在植株旁15cm处穴施尿素5~10g。另外，每隔15天左右叶面喷0.3%尿素溶液一次。

进入生长后期，7月下旬以后，为使植株营养积累高，主蔓充实，枝条木质化程度良好，则应控制生长，此期停止一切氮肥供给，可施适量磷钾肥，并配合叶面喷施0.3%~0.5%磷酸二氢钾或稀思美，每10~15天喷1次。同时减少浇水次数和浇水量，甚至停止浇水。

(3) 幼树冬剪

修剪时，对高度超出1m的主蔓，应在枝条成熟度良好，剪口粗度达1cm处剪截；高度1m左右的主蔓，应在枝条成熟良好，剪口粗度达0.8cm处剪截；高度不足0.5m的主蔓，应在地面以上保留3~5个饱满芽眼后剪截。

(五) 葡萄结果树周年管理技术

1. 春季管理技术环节 (4~5月)

(1) 整架

在葡萄出土前，调好葡萄架，拉紧线，修好坏的支架等。

(2) 出土上架

大同地区于4月20~30日撤出防寒土，过早芽子会受冻，过晚芽子萌发易损伤枝芽。此外，为达到提早成熟，也可配合利用小拱棚早出土10天左右。实践证明，利用小拱棚，只要认真小心地去做，同一条件下可以提前出土，提前发芽10多天可使某些品种如红提正常成熟。出土时先把盖土和薄膜揭去，使草捆原封不动。数天之后检查，当芽眼即将萌发时，再撤去草捆，清理卫生，喷洒杀菌剂后上架。这样做的好处是：避免春风耗芽，缓和因提前上架产生的极性强弱，克服发芽不均匀、不整齐现象。

(3) 扒皮、打药

葡萄越冬枝蔓，每年都脱一层老皮，皮下易藏病菌和虫卵，应在打药前尽可能扒掉。扒下的树皮集中埋掉或烧毁，不可随地乱扔。

萌芽前喷打3~5°石硫合剂或强力清园剂300倍液，预防病虫。

(4) 抹芽

这项工作于5月中旬进行，宜早不宜迟，以减少营养消耗。每年在主蔓基部距地面50cm的芽子全抹掉，结果母枝和一年生蔓上萌发双生、三生芽，留下1个长势好的带果穗的培养成新梢，其余芽抹掉。

（5）定枝

定枝在 5 月 20 日前后进行为好，抹芽结束后，新梢长度在 20cm 左右时，枝的长势、方位和果穗大小都一目了然。定枝是根据枝条和果实负载量，决定对新梢的去留。

新梢留量为每米蔓 6 个新梢，结果枝和预备枝 1：1；每结果枝留 1 穗，平均穗重 400～500g，个别品种可留 1 000g。每亩新梢量不过 8 000 个，其中，结果枝不超过 4 000 个，亩产 1 600～2 000kg。

2. 夏季管理技术环节（6～7 月）

（1）摘芯

葡萄枝蔓是不封顶的，只要条件合适，枝蔓无休止的生长；从新梢长出副梢，又从副梢长出二次、三次副梢。如不及时摘芯，就会使枝叶疯长。据报道：生长点合成赤霉素，生长点多，合成赤霉素多，所以摘芯实际为减少赤霉素的形成量，进而减缓营养生长，通过摘心时间和程度控制坐果率。巨峰坐果率低，应在初花期行重摘芯；京秀坐果率较高，应在终花期完了才摘芯。下面介绍两种摘芯方法。

①常规法：结果枝留 9～12 片摘心，营养枝留 15 叶摘心。各级副梢留 1 片叶反复摘芯，结果枝不留副梢，留顶副梢 5 叶再摘心。

②重摘法：在始花期，主梢留 6 片叶摘心即果穗前 1～2 节处摘心，副梢留 1～2 片叶反复摘心。叶片不足时，适当多留顶副梢 4～5 叶片。这一剪法适于大粒品种群，特别叶片大、节间长的品种，应把主梢缩短，以利通风透光，提高光合效能。

（2）修穗疏粒，沾膨大剂

果穗中部的分枝生长发育良好，修果穗采取去两头留中间，先将基部的 1～3 个分枝小穗去掉，再将先端剪去 1/4～1/5，中间可去部分小穗轴。

在修穗基础上，每穗选大粒留下 40～60 个果粒、疏掉小粒、病粒。要求穗重达500g左右即可。有些品种如无核品种花期及落花后需沾膨大剂增大果粒，增加糖度，提高着色度。膨大着色剂有美国奇宝、赤霉素等。

（3）剪枯枝

进入6月，由于枝叶生长，伤流停止，在进行摘心的同时可以动剪子，剪去定枝后剩在蔓上枯枝。

（4）除卷须及除草

卷须不仅消耗大量营养物质，而且常缠绕枝叶，影响其他管理，应随时随地除去卷须，同时，做好除草工作。

（5）病虫防治

在6~7月，降雨不多，气温不算太高，灰霉、白腐、炭疽、叶蝉、红蜘蛛等病虫多在7月开始发生，因此，病虫须早预防。此外，做好果穗套袋工作，是生产无公害葡萄的必要技术。

6月开始，每10~15天喷1次石灰少量式1∶0.5∶200倍波尔多液，7月喷石灰等量式200倍波尔多液，加杀虫杀螨剂，并配合根外追肥喷施0.3%尿素及光合微肥等，连喷2~3次。

除去波尔多液，发现病症后及时尽早喷洒精品甲托、福星、多菌灵、退菌特、阿米西达、代森锰锌、甲霜灵或其他无公害新农药。

3. 秋季管理技术环节（8~9月）

这时期，果实接近成熟，前期，降雨较多，枝叶生长变缓，人们最容易忽视此期的技术管理。

（1）处理枝蔓

继续对抽生的各级副稍进行摘心和除去卷须，对于前期管理较差的葡萄园，应从枝条基部开始清除萌蘖和过多的枝蔓，可减少发病，利于果实着色。

（2）除草

8月湿度大，温度高，杂草生长繁茂，继续做好中耕除草。

(3) 喷施磷钾肥

为促进枝芽和果实成熟，在进入8月以后应叶面喷2~3次0.3%~0.5%的磷酸二氢钾，或3%草木灰浸出液或稀思美等叶面肥。

(4) 防治病虫

注重霜霉病、白腐病、白粉病及鸟害防治。

(5) 适时采收

8~9月是葡萄的金秋季节，应做到适时采收，以减轻树体负载量，增加树体营养积累。

4. 冬季管理技术环节 (10~11月)

(1) 冬剪

对要保留的结果母枝（当年的新梢），实行超短梢修剪，即留下2~3个芽。超短梢修剪使结果母枝不远离主蔓，有利于下架防寒。结果母枝，采用单枝更新技术，即将结果枝去掉，对预备枝短截处理。

(2) 清扫葡萄园

冬剪时，枝叶大量落地，病虫残体等不能留在园内越冬，必须进行一次彻底的清扫，然后烧掉。

(3) 打药

对树体和池面喷施5°石硫合剂，防治越冬病虫，减轻病虫基数。

(4) 下架

下架时注意防主蔓折断，应小心注意蔓的走向，下架后将枝蔓拢在一起用草绳捆紧。

(5) 越冬防寒

先用各种作物秸秆、黍穰或杂草打成直径30cm的草捆，将其顺放在栽植行内植株两侧，将枝蔓夹在草捆中间，上边一捆压在中间，呈三角弧状。行的两端草捆应超出边株40cm。然后用废旧薄膜、编织袋等将草捆覆盖，外部用土封严。自根苗捆和土的总覆盖厚度应距根部50cm。嫁接苗复土厚度可薄些，草袋加膜加土厚度达30cm即可。

此埋土防寒方法优点很多且实用，可避免行间大量积土，从而使通风、透光以及各项管理方便灵活（如进肥料、行间雨水不进入行内等），还可利用行间种植矮秆作物，增加收入。另外，使窄行栽培得以合理，否则因取土太近而失去防寒作用。

埋土防寒可在秋季修剪后，至大地封冻这段时间进行。但埋的晚些比较好，太早气温还高，很容易捂坏部分芽眼，晚些埋可使枝条和芽眼充分接受低温锻炼，对越冬抗寒有益，但也不要过晚，以免土壤结冻。

埋土前7～10天要灌透封冻水，一方面为的是提高植株越冬抗旱抗寒能力；另一方面也为来年春季萌芽备足水分。

（六）葡萄土肥水管理技术

1. 肥培地力

栽培葡萄要想达到预期的经济效益，应特别重视对园地土质的改良。

（1）充分利用有机物

目前，人们对有机物重视不够，如酒糟、秸秆等大量有机物不是烧掉就是随便处理。有机物可以集中堆放，放法是一层有机物，一层粪肥，堆成1～2m高的肥料堆，经夏季微生物活动就分解，翌年或当年施入架下。

（2）中耕除草

经常进行中耕除草，5～8月可结合除草在葡萄池内或全园架下翻树盘，增加土壤通透性，有利于肥料分解，满足根系养分和水分供应。

2. 施肥

①施肥原则：在有机肥充足时，尽量不施化肥，如农家肥不足，可补充一些化肥。在生长季节，应前期施氮肥，后期增施磷钾肥。

②开沟施基肥：每年9～10月在葡萄定植点50cm外延挖50cm宽、深的沟，挖时不要伤大根。以每亩5 000kg粪肥放在挖出的土上，然后连粪和土一并回填到沟中，灌水沉实。葡萄采收后，施基肥越早越好。

③追肥：在基肥不足时，春天葡萄上架后，可补施二铵、尿素或人粪尿，二铵每亩10～20kg，尿素15～25kg，人粪尿500～1 000kg。注意只能用上述肥料一种即可。

7月开始，隔20天左右地面追施复合肥二次，每亩30kg。叶面喷施0.3%～0.5%的尿素加0.5%磷酸二氢钾3～5次，隔10天一次。葡萄上色前每亩追施硫酸钾50kg，以促进花芽分化，果实上色和枝条成熟。

3. 灌水

(1) 催芽水

葡萄上架后，立即灌一次水，促进冬芽萌发。不灌萌芽水，枝叶生长缓慢。当然，有些品种在大同地区浇越冬水的情况下，此次水可不浇。

(2) 花前水

葡萄6月中旬开花，5月中下旬少雨，又因开花期不能灌水，所以要在5月底至6月初葡萄开花前灌一次大水，以利开花和枝叶生长，结合粪尿或尿素灌水。

(3) 花后水（催果水）

这次水在6月下旬，葡萄开始坐果，如土壤过分干旱，易造成大量生理落果，适当补充水分并施入复合肥，不仅有利坐果，还促使果实增大。

7月上至8月上是北方的多雨季节，一般不用灌水，当然特别干旱，应增加灌水次数。

(4) 着色膨大水

在8月中下旬施硫酸钾并灌一次着色膨大水，以便增大果粒并促进上色。

(5) 防寒越冬水

在10月中下旬，葡萄下架前灌一次防寒越冬水，可保证葡萄安全越冬。

二、葡萄优良品种介绍

近些年来，葡萄品种名目繁多，果农盲目引种，造成不必要的损失。下面，介绍大同地区市场潜力大的优良品种，供筛选。

(一) 早熟品种

1. 先科1号

属欧亚种。该品种大穗大粒，果穗重650g，最大1 600g。果粒长椭圆形，果皮紫黑色，粒重10g，果肉质硬而脆，浓甜香怡，含糖量17%~20%。大同地区8月上旬成熟上市。4年生葡萄园每667m^2产果达2 000kg左右，经济效益可观。该品种植株长势旺，抗病性极强，保护地栽培主要品种之一。

2. 美国早红提

属欧亚种。采用日光温室栽培，可元旦扣棚，翌年6月上中旬即可果实成熟上市，其经济效益是大田葡萄的2~3倍。该品种穗大，单穗重800~1 250g。果实呈红宝石色，成熟一致，粒重10~13g。不裂果，不掉粒。果肉脆硬，可刀切手掰，口感佳，含糖量达17.8%，耐贮运，产量高，品质优良。露地栽培，大同地区8月中旬成熟。

3. 京秀

属欧亚种。又名早红提，大同地区8月中下旬成熟，果穗圆锥形，单穗重一般400~500g，果粒椭圆形。平均粒重6~7g，鲜红至紫红色。果肉脆硬，可用刀切成片，品质上等。不裂果，不落粒，果粒着生紧密，易感缩果病，烂果，必须进行疏果工作，注重喷药保护果穗。

4. 夏黑

果穗圆锥或圆柱形，穗重600g，果粒圆形，着生紧密，排列整齐，单粒重6g，无核，最大可达8g。抗病、丰产、极早熟，易着色，耐贮运，含糖高及口感好。适应性广，既可露地栽培也可设施栽培，是一个较有发展前景的早熟无核优良葡萄品种。

5. 早黑宝

果穗圆锥形带歧肩，果穗大，平均426g，最大930g。平均单粒重7.5g，最大10g。果粉厚，果皮紫黑色，较厚，肉较软，完全成熟时有浓郁玫瑰香味，味甜。可溶性固形物含量15.8%，品质上等。大同地区8月中旬开始成熟。

因果粒着生较紧，应进行疏花、整穗。另外，该品种在果实着色阶段果粒增大特别明显，因此要加强着色前的肥水管理。

6. 红标无核

自然无核品种，穗重800g，粒重10g，椭圆形，紫黑色，8月中旬成熟，口味佳，有香气，抗病性强，露地、保护地均可栽培。

此外，寒香蜜、黑色甜菜，比昂扣等新优早熟品种各地表现不一，可引种示范栽培。特别是黑色甜菜有望取代巨峰，成为早熟品种的主栽品种。

（二）中熟品种

1. 金手指

果穗中等大，长圆锥形，果粒松紧适度，平均穗重445g，最大980g。果粒长椭圆形至长形，略弯曲，黄白色，平均粒重7.5g，最大可达10g。果粉厚，极美观，果皮薄，可剥离，可以带皮吃。含可溶性固形物21%，有浓郁的冰糖味和牛奶味，品质极上，商品性高。不易裂果，耐挤压，贮运性好，货架期长。比巨峰早熟10天左右，属中早熟品种，大同地区9月上旬成熟。该品种抗寒性、抗病性、抗涝性、抗旱性均强。适宜篱架、棚架栽培，特别适宜Y形架和小棚架栽培。管理上要合理调整负载量，防止结果过多影响品质和延迟成熟。

2. 瑞都脆霞

果穗圆锥形，无副穗和岐肩，平均单穗重408g，果粒着生中等或紧密，果粒椭圆形或近圆形，平均6.7g，最大单粒重9g。果粒大小较整齐一致，果皮紫红色，色泽一致。果粉薄，果肉脆，硬，酸甜多汁，可溶性固形物16.0%，成熟期9月上旬，适合保护地栽培。

3. 藤稔

又名早藤，属欧美杂交种。果粒巨大如乒乓球，又名乒乓球葡萄。穗大粒大，果穗圆锥形，单穗重达400～500g。果粒椭圆形，大而整齐紧密，一般单粒重12～15g，最大的25g，紫黑色，皮厚，果肉多汁而甜，含糖量17%～18%。耐贮藏，栽培措施应及时疏剪花序、疏粒，控制结果，不宜留果过多。大同地区9月上旬成熟。

4. 无核白鸡心

又名青提，属欧亚种。果穗较大，圆锥形，平均穗重500～800g。果粒着生紧密，长椭圆形，经膨大剂处理，粒重6～8g，皮薄肉脆，可以切片，略有玫瑰香味。无核，品质极佳，不裂果，不掉粒，耐贮存。树势强旺，丰产性较好，栽培应注意控制树势，防止过旺。大同地区9月上旬成熟。

5. 醉金香

欧美杂交种。果穗圆锥形，重700g左右，大小整齐。果粒倒卵圆形，平均粒重12g，最大15g。果皮金黄色，中等厚。果肉柔软多汁，味甜，伴有浓郁酒香味，含糖16.8%。大同地区9月上旬果实成熟，管理中要求基肥充足，土壤疏松。对果穗应适当整理，避免大小粒，经膨大剂处理可形成无核果。

该品种系黄色大粒品种，适口性好，树势较旺，产量较高，保护地、露地均可栽培。

6. 红巴拉多

欧亚种，原产地日本。果穗大，平均穗重800g，最大可达

1 000g。果粒大小均匀，中等紧密，果粒椭圆形，最大单粒重可达12g。果皮鲜红色，皮薄肉脆，可以连皮一起食用，含糖量高，可达23%。无香味，口感好。成熟期在9月上旬，为中熟品种。在设施栽培条件下，不易裂果，不掉粒，早果性、丰产性、抗病性均好。

此外，香妃、巨玫瑰、紫珍香、维多利亚、白香蕉、黄金指、巨星、金田玫瑰等中熟新优品种各地表现不一，可引种栽培。巨峰、京亚、果扎马特、龙眼等老品种市场竞争力弱，应限制发展。

（三）中晚熟品种

1. 丽红宝

欧亚种。果穗圆锥形，穗形整齐，果穗中等大，平均穗重300g，最大穗重460g；果粒着生中等紧密，大小均匀，果粒形状为鸡心形，平均粒重3.9g，最大可达5.6g；果皮紫红色、薄；果肉脆，具玫瑰香味，味甜，无核，品质上等，可溶性固形物含量为19.4%，总糖为16.6%，总酸为0.47%，糖酸比为35.5：1。

大同地区9月中旬果实完全成熟，属晚熟无核葡萄新品种。

该品种为无核品种，在栽培中需用激素处理来增大果粒，在花后1周采用奇宝30μl/L处理1次，在果实上色前7月上旬需对果穗进行整穗、套袋，具体要求是将每个果穗上的小粒及不整齐部分疏除，同时对果穗进行顺穗整理并套袋。

2. 秋红宝

欧亚种。果穗圆锥形双歧肩，平均穗重508g，最大700g；果粒着生紧密，大小均匀，果粒为短椭圆形，粒中大，平均粒重7.1g，最大9g；果皮紫红色，果皮与果肉不分离；果肉致密硬脆，味甜、爽口、具荔枝香味，风味独特，品质上等，可溶性固形物含量为21.8%，总糖为19.27%，总酸为0.25%。

该品种生长势强旺，生长量大，早果丰产，品质优良，较抗病，大同地区9月下旬成熟。产量一般以亩产1 250～2 000kg为宜。该品种花序坐果率高，果粒着生紧密，生产上必须进行疏花整穗及果实套袋。套袋前应喷布“福星”和“施佳乐”混合液1次，以防治白腐病和灰霉病。

3. 香悦（紫罗兰）

果穗圆锥形，平均穗重600g，最大穗重1 000g，果粒圆球形，平均粒重11g，果粒大小整齐，果皮蓝黑色，果皮厚，果粉多。果肉细致，无肉囊，果肉软硬适中，汁多，有浓郁桂花香味，含可溶性固形物16% ~17%。不裂果，不脱粒，耐贮运，大同地区9月中下旬成熟。

该品种坐果率极高，结果枝、营养枝摘心在花后7 ~10天进行，摘心过早，坐果率太高，导致果粒相互挤压变形。幼树控制徒长，定植当年控制氮肥，少施氮肥。待结果后，再依树势施用氮肥。生长季应增施钾肥，适当施入磷肥和微肥，以促进枝条充分成熟，确保连年丰产、稳产。产量应控制在1 500kg/亩，单枝单穗，达到优质果标准。

4. 阳光玫瑰

果粒平均重12g，绿黄色，坐果好，成熟期与巨峰相近。肉质硬脆，有玫瑰香味，可溶性固形物20%左右，品质优良。不裂果，盛花期和盛花后用25μl/L赤霉素处理可以使果粒无核化，耐贮运，无脱粒现象，抗病，可短梢修剪。

5. 状元红

欧美杂交种。亲本为巨峰×瑰香怡。果穗长圆锥形，紧凑，平均穗重为1 000g，最大穗重为2 000g。果粒长圆形，平均粒重10g；果粒大小整齐。果皮紫红色，果粒着生较紧密，果皮中厚，果粉少。果肉细，无肉囊，软硬适中，汁液多，有玫瑰香味。可溶性固形物含量16% ~18%，无脱粒、裂果现象，耐运输，无小青粒。大同地区9月下旬成熟。

由于该品种坐果率高，结果枝可推迟到开花末期再进行摘心，摘心过早，坐果率太高，且容易造成裂果。

此外，超红、红提、红乳、紫地球、瑞必尔等晚熟高档品种宜保护地发展或小气候较好区域适量发展。露地栽培晚熟品种需喷施着色催熟剂促进成熟，方能取得成功。

三、葡萄套袋技术

（一）套袋效果

葡萄套袋可以明显地改善果实的外观品质，减轻病虫害，减少农药残留，改善果实风味，因而极大地提高果品质量，满足市场对高档葡萄商品果的需求，已经成为当前生产高档葡萄的一项重要技术。

1. 预防果实病虫害及雹灾

葡萄的主要病害有霜霉病、黑痘病、炭疽病、白腐病等，都是传染性病害，其中，白腐病和霜霉病是造成近几年葡萄减产，乃至绝产的主要原因。果实套袋后，由于纸袋的保护作用，使果穗与外界隔离，阻断了病菌对果实的侵染途径，有效地起到防止病菌侵染的作用，同时，还可以避免害虫入袋为害果实，从而防止病虫害的发生。有些防病、防虫专用袋（如防茶黄蓟马专用袋等），还涂有杀虫、杀菌剂，可以有效地避免进入袋内的病菌和害虫扩展危害。

另外，纸袋还可以保护葡萄果实免受冰雹袭击烂果，免受野蜂、夜蛾类、金龟子类及鸟类的危害，保持果穗整齐。套袋巨峰葡萄采收时果穗受病、虫、鸟、蜂等危害而造成的烂粒率在1%以下，而不套袋果穗的烂粒率在20%～30%，严重者甚至达到80%以上。

2. 促进果实着色

果实色泽是鉴定果实品质的主要指标之一。对于着色葡萄品种来讲，果实着色面积和浓度是判断成熟度的重要因素。在生产中，无袋栽培很难做到使整个果穗全部均匀着色，而选择适宜的纸袋进行果实套袋栽培则可以有效地解决这一问题。

葡萄按成熟时的果面颜色可以分为白色、黄色、红色和黑色品种。红色和黑色品种的果实着色主要是花色苷形成与积累的结果，果实着色程度首先取决于花色苷积累的种类或数量。在对果穗进行套袋后，一方面由于纸袋的遮光作用，阻碍了果皮中叶绿素的形成，减轻了叶绿素对花色苷显色的遮蔽作用；另一方面，在采收前打开纸袋，使果实充分接受光照，因而可以使果实着色更加充分、艳丽。对黑色品种而言，即使带袋采收，也能够较好地着色。与不套袋果相比，套袋果着色均匀而鲜艳，底色浅绿；而不套袋果底色绿，色泽暗，阳面着色好但阴面着色差。

3. 改善果实风味

一般来讲，套袋水果由于光照不足等原因，导致含糖量下降，葡萄也不例外。但是，葡萄套袋的效果是多种多样的，如果能选择使用适宜的专用纸袋，不仅不会造成果实糖分的下降，甚至还可以有助于糖分的积累。在气温较低的冷凉地区，由于袋内温度较高，还可以使果实含酸量降低 0.1 ~ 0.2 个百分点，从而改善果实的风味。

4. 防止果面污染，降低农药残留

一般栽培条件下，葡萄果实在生长过程中会受到各种粉尘、杂物、废气等的污染，加上多次喷药，特别是波尔多液等农药，一方面使果穗表面沾满了杂物，脏污难看，食用时难以洗净；另一方面是农药残留等有毒有害物质的含量增加，因而降低了果实的商品价值。而果穗套袋后，由于果实受到纸袋的保护，与外界环境隔离，不仅避免了灰尘杂物的污染，保持果粉完整，使果面整洁、干净、美观，而且可以阻挡农药直接喷布于果面，并能减少喷药次数，降低果实中有毒有害物质的残留，生产出无公害果品。套袋技术生产中，可以毫无顾忌地对全树整体充分喷洒波尔多液等药物，保证枝叶正常生产，而不必担心果实受到污染。

5. 防止裂果

葡萄裂果主要发生在浆果近成熟期。巨峰系葡萄的裂果集中发生在果顶果蒂部，以果顶部裂开较常见。发生裂果的主要原因是土壤水分的急剧变化。在葡萄生长第一次果实膨大期与硬核期之间，如果土壤水分由湿润急剧变化为干燥会使果粒膨大生长停滞，到第二次果粒生长膨大期时，如果遇雨，土壤湿度急剧升高，果粒增长会重新活跃起来，使果顶部和果蒂部的部分组织产生龟裂或凹陷，到着色期时，这部分组织变得非常脆弱，此时如果遇雨，根系和果面会大量吸水，果粒中的膨胀压增高，使在龟裂或凹陷处裂开。

防止葡萄裂果，最根本的措施是调节好土壤水分，搞好排水、灌水和土壤改良工作，保持土壤水分的相对稳定，减少土壤水分急剧变化。同时，还要改进栽培管理技术，合理负载，培育健壮的树体。

果穗套袋后，果袋不仅阻止了果面直接吸水，而且可以保持果粒周围环境温度的相对稳定，减轻了果粒的干湿变化幅度，能够有效地防止葡萄果顶部的裂果，即使发生裂果，果粒也能形成干缩状，一般不传染好的果粒，危害较小，因而成为防止葡萄裂果的一项重要措施。但套袋对果蒂部裂果的防治效果较差。

6. 便于分期采收

为了提高果实的商品价值，增加经济效益，生产中需要根据果实成熟情况及市场行情进行分期采收。在无袋栽培时，采收较晚的果穗往往受到金龟子等各种病虫害的严重危害，而喷药防治又会增加果实的农药残留。进行果穗套袋后，可以在采收前 10 天解袋，解袋后果穗能够迅速着色成熟；如果不解袋，袋内果穗仍将继续着色，但较不套袋晚着色 10～15 天，可以在最佳颜色期连同纸袋一起采下。由此，可以做到根据果穗的着色情况及市场行情分期分批去袋，分期分批采收，留下的果实有纸袋的保护，不会发生病虫危害。

另外，使用塑料薄膜袋进行套袋时，由于前期袋内温度比较适宜，后期昼夜温差较大，二氧化碳含量与湿度较高，糖分积累快，能够使果粒加速生长，果柄、果蒂增粗，加之袋内乙烯含量高，因而有明显的促进早熟的作用。用塑料袋进行果穗套袋，可以使无核白鸡心提早4天成熟，经济效益明显提高。

7. 提高果实的耐贮运性能

葡萄果实多柔软，无论皮薄还是皮厚，都存在贮运在程中因挤压而造成果粒脱落、破损、流汁、腐烂等问题。无袋栽培的葡萄，由于果实在生长过程中受到多种病菌的侵染，贮运过程中极易因发病而腐烂脱落，造成果穗不完整，损失很大。果穗套袋后，一方面，由于果袋的保护，使果实受到病虫侵染的机会减少，果面伤口少，贮运期间不易发生病虫危害；另一方面，带袋采收可使整个果穗形成一个整体，增加抗压力，减轻挤压损失；此外，葡萄套袋后不必再担心后期可能因病虫害而造成的损失，可以放心地等到适宜贮运的成熟度时再采收，从而提高果实的保鲜及耐贮运性能。

（二）套袋技术

1. 套袋时期

葡萄套袋要尽可能早，一般在果实坐果稳定、整穗及疏粒结束后立即开始，赶在雨季来临前结束，以防止早期侵染的病害及日烧，大同套袋时间7月1～10日为最佳。如果套袋过晚，果粒生长进入着色期，糖分开始积累，不仅病菌极易侵染，而且日烧及虫害均会有较大程度地发生。另外，套袋要避开雨后的高温天气，在阴雨连绵后突然晴天，如果立即套袋，会使日烧加重，因此要经过2～3天，使果实稍微适应高温环境后再套袋。

2. 套袋方法

套袋前，全园喷布一遍杀菌剂及杀虫剂，如复方多菌灵、异菌脲、代森锰锌、阿西迷达等，重点喷布果穗，药液晾干后再开始套袋。将袋口端6～7cm浸入水中，使其湿润柔软，便于收缩袋口，提高套袋效率，并且能够将袋口扎紧扎实，防止害虫及雨水进入袋内。套袋时，先用手将纸袋撑开，使纸袋鼓起，然后由下往上将整个果穗全部套入袋内，再将袋口收缩到穗柄上，用一侧的封口丝紧紧扎住。注意铁丝以上要留有1～1.5cm的纸袋，并且套袋时绝对不能用手揉搓果穗。

3. 套袋后的管理

套袋后可以不再喷布针对果实病虫害的药剂，重点是防治好叶片病虫害如叶蝉、霜霉病等。对玉米象、粉蚧及茶黄蓟马等容易入袋为害的害虫要密切观察，严重时可以解袋喷药，药剂有2 000～3 000倍50%辛氰乳油、1 200～1 500倍48%乐斯本等。

4. 去袋时期及方法

葡萄套袋后可以不去袋，带袋采收，也可以在采收前10天左右去袋，应根据品种、果穗着色情况以及纸袋种类而定。红色品种因着色程度随光照强度的减小而显著降低，可在采收前10天左右去袋，以增加果实受光，促进良好着色。但要注意仔细观察果实颜色的变化，如果袋内果穗着色很好，已经接近最佳商品色调，则不必去袋，否则会使紫色加深，着色过度。巨峰等品种一般不需要去袋，也可以通过分批去袋的方式来达到分期采收的目的。

葡萄去袋时，不要将纸袋一次性摘除，先把袋底打开，使果袋在果穗上部戴一个帽，以防止鸟害及日烧。去袋时间宜在10:00以前和16:00以后，阴天可全天进行。

5. 摘袋后的管理

葡萄去袋后一般不必再喷药，只要注意防止金龟子危害，并密切观察果实着色进展情况即可。在果实着色前，剪除果穗附近的部分已经老化的叶片和架面上的过密枝蔓，可以改善架面的通风透光条件，减少病虫危害，促进浆果着色。此时，部分叶片由于叶龄老化，光合效率降低，光合产物入不敷出，而大量副梢叶片叶龄较小，光合强度较高，所以适当摘除部分老叶不仅不会影响树体的光合产物积累，而且可以减少营养消耗，更有利于树体的营养积累。但是摘叶不可过多、过早，以免妨碍树体营养贮备，影响树势恢复及来年的生长与结果，一般以架下有“花影”为宜。另外，需注意摘叶不要与去袋同时进行，也不要一次完成，应当分期分批进行，以防止发生日烧。

四、如何实现葡萄合理负载

葡萄果实的品质与树体负载量的关系十分密切，负载量过大，会使果实糖分积累不足，着色不良，品质低劣。同时，过量结果还会影响树体贮藏营养的积累，引起树势衰弱，进而极大地影响来年的产量与品质。因此，为了保证连年获得品质优良的高档果品，必须进行负载量的合理调整。

（一）疏穗

疏穗的时期越早越好，一般在盛花后 15～20 天，坐果状况已经明了时，就要及早进行。首先把坐果不好的穗、弱枝上的穗疏除；然后按 1 个结果枝保留 1 个果穗的标准，疏去多余的果穗，少数比较强壮的结果枝也可以保留 2 穗。疏穗工作要在果粒软化期前结束，对于长势过于旺盛的树，可以适当晚疏果穗，以果压势，抑制新梢生长，但仍要注意必须在果粒软化期前完成全部疏穗工作。

（二）疏粒

疏粒的目的是通过限制果粒数，使果穗大小符合标准要求，并促使果粒膨大。果穗太大，落花落果严重，穗体松散，糖度低，着色不好。虽然小穗有利于提高果实品质，但从商品性方面考虑，不应太小。巨峰葡萄的标准果穗以穗重 400g、粒重 10～12g、每穗 35～40 个果粒比较适宜。

疏粒前首先进行果穗整形，即把果穗上比较松散的几个副穗和 1/5～1/4 左右的穗尖剪除，对大果穗可以按支轴每隔 1 个去掉 1 个，使果穗饱满紧凑，大小整齐，形状均匀。将搁置在枝蔓及架材上的果穗进行调整，使其垂直向下。然后，疏除无核果粒、小果粒以及个别特大果粒，保留果形端正、大小均匀、色泽鲜艳、生长正常的果粒。

五、葡萄园七害防治技术

七害是指病害、虫害、鸟害、风害、霜害、雹害及生理性病害等。

（一）病害

1. 葡萄霜霉病

（1）症状

葡萄霜霉病主要危害葡萄叶片，也能危害葡萄的新梢、卷须、叶柄、花序、穗轴、果柄和果实等幼嫩组织（近几年果穗受害逐年加重）。叶片发病初期产生水渍状黄色斑点，后扩展为黄色至褐色多角形病斑，叶斑背面生白色霜霉状物，严重时整个叶背面布满白色霜霉层，叶片易脱落，后期霜霉层变为褐色，叶片干枯。该病的诊断关键点是观察受害部位是否有白色的霜霉状物，多雨的春天，赶上夏天的雨水，会导致霜霉病发生早且严重。霜霉病发生的适宜温度为22～25℃，高于30℃会抑制霜霉病的发生。

（2）防治方法

①生态控制。采用避雨栽培技术可有效地控制葡萄霜霉病的发生；通过架式选择、休眠期的清园措施等改善葡萄的生态环境，也可达到防病效果。如选择一些合理架势（如倾斜主干水平龙干单篱架、Y形架式等）、加强营养和水分调控。

②化学防治。在葡萄萌芽前喷施一次石硫合剂，兼治葡萄白粉病和毛毡病，花前、花后各用一次铜制剂，常用的铜制剂有：80%水胆矾（波尔多液或必备）可湿性粉剂施用600～800倍液。

根据田间病害发生和气象条件调整用药，葡萄幼果期若雨水多，田间出现霜霉病时，要根据病情及气象条件，增施3～5次治疗剂。可选用的药剂如下：25%精甲霜灵2 500倍液，25%嘧菌酯水分散粒剂、25%吡唑醚菌酯2 000倍液（兼治白粉病），50%烯酰吗啉1 000倍液，或10%多抗霉素600倍液；也可选用治疗剂与铜制剂交替应用。

喷药时应注意重点喷叶背，均匀周到，下雨后及时喷药。

2. 葡萄白粉病

(1) 症状

葡萄白粉病主要危害葡萄的叶、果实、新枝蔓等，幼嫩组织最容易感染。叶片发病时叶片正面覆盖白粉状物，严重时使叶面卷曲不平，白粉布满叶片，病叶蜷缩、枯萎而脱落。幼果受害，果实萎缩脱落；果实稍大时受害，使得病果停止生长、硬化、畸形，有时导致病果开裂，味极酸。干旱的夏季和温暖而潮湿闷热的天气利于白粉病的大发生。

(2) 防治方法

发芽后喷0.2~0.3波美度石硫合剂或50%甲基托布津可湿性粉剂500倍液或80%必备可湿性粉剂400~500倍液，开花前至幼果期喷2~3次50%甲基托布津可湿性粉剂500倍液或25%嘧菌酯水悬浮剂2 000倍液。

发病时，喷施10%苯醚甲环唑水分散粒剂2 000倍液，或喷施62.25%仙生可湿性粉剂600~800倍液等，具有保护、治疗和铲除作用。

喷药时应注意以下几个问题。

①喷药时间。发病前或发病初期开始用药，发病期要连续用药4~6次，可有效控制此病害。

②药害问题。白粉病对硫制剂敏感，石硫合剂和硫黄胶悬剂防效很好。三唑类药剂在某些品种上对幼果产生药害，应注意避免。

3. 葡萄炭疽病

(1) 症状

葡萄炭疽病主要危害果实，也危害穗轴、当年的新枝蔓、叶柄、卷须等绿色组织。病菌侵染幼果初期症状表现为黑褐色、蝇粪状病斑；成熟期果实染病后，初期为褐色、圆形斑点，后逐渐变大并开始凹陷，在病斑表面逐渐生长出轮纹状排列的小黑点（分生孢子盘），天气潮湿时，小黑点变为小红点（肉红色），这是炭疽病的典型病状。严重时，病斑扩展到半个或整个果面，果粒软腐、脱落或逐渐干缩形成僵果。

（2）防治方法

葡萄炭疽病的发生与雨水密切相关，雨水较多年份可通过避雨栽培和套袋两项措施，使葡萄炭疽病得到有效控制。

①田间卫生。减少田间越冬的病菌数量是防治炭疽病的关键。具体做法就是把修剪下的枝条、卷须、叶片、病穗和病粒等，清理出果园，统一处理。有些果园利用养羊起到清洁田园的作用，对病害控制效果显著。

②在刚萌芽时，喷一次0.3%五氯酚钠加3°石硫合剂或100倍液退菌特作为铲除剂。

③药剂防治。6月下旬至7月下旬喷药防治，每隔10～15天喷药1次，连喷4～5次。可选用25%吡唑醚菌酯乳油2 000倍液、20%苯醚甲环唑3 000倍液或80%戊唑醇6 000～10 000倍液或退菌特800倍液。喷雾防治雨水多时，药液中加入“6501”或0.03%～0.05%皮胶等黏着剂。

4. 葡萄灰霉病

（1）症状

葡萄灰霉病的发生危害包括3个时期，花期、成熟期和贮藏期。

灰霉病可引起果实腐烂，是贮藏期烂果的主要原因。灰霉病除危害果实外，也可危害叶片和枝条。灰霉病通常在早春花期侵入，果实近成熟期和贮藏期出现症状。果实腐烂，病部生有鼠灰色的霉层，此时，也可通过伤口再侵染果实，造成烂果。

（2）防治方法

①果园卫生。

生长期：及时剪除病果穗及其他病组织，注意剪除的果穗和其他病组织要集中处理或销毁，不能留在田间，防止病菌在田间传播。

收获期：应彻底清除病果，避免贮运期病害扩展蔓延。

收获后：及时清除田间病果、落叶、枝条等，集中销毁。

②药剂防治。灰霉病的防治适期是花期前后、封穗期、转色后三个关键期；药剂可选用40%嘧霉胺悬浮剂800～1 000倍，50%腐霉利可湿性粉剂600倍液，50%异菌脲可湿性粉剂500～600倍液。果实采收前，可喷洒一些生物农药，如60%特可多100倍液，10%多抗霉素可湿性粉剂600倍液。

5. 葡萄白腐病

（1）症状

葡萄白腐病主要危害果穗，也危害枝蔓和叶片。果穗受害时最初在穗轴、小穗梗和果梗上产生淡褐色、水渍状、不规则斑点，严重时整个组织腐烂，潮湿时果穗腐烂脱落，干燥时果穗干枯萎缩、不脱落，形成有棱角的褐色僵果，果面布满灰白色小粒点（分生孢子器）；果粒发病时呈灰白色腐烂，先从果柄处开始，迅速延及整个果粒，果面上密生灰白色小粒点。枝蔓受害，从伤口处开始发病，褐色病斑，表面密生灰白色小粒点，最后枝蔓皮层组织纵裂，呈乱麻丝状。

初夏时降雨的早晚和降雨量的大小决定了当年白腐病发生的早晚与轻重。降雨次数越多，雹灾后常导致大流行，发病率大增。另外，地势低洼，排水不良，田间湿度大的果园发病也重。

（2）防治方法

①地面撒药。对于重病果园，要在发病前用50%福美双可湿性粉剂1份、硫黄粉1份、碳酸钙1份，3种药混匀后撒在葡萄园地面上，杀死土壤表面的病菌。每亩约用上述混合粉1.5～2kg，可减轻发病。

②生长期喷药。注重前期喷药，出土上架后，对枝蔓进行药剂处理，喷洒3～5波美度的石硫合剂。落花后根据天气情况喷药，喷药以保护果穗为主，常用药剂有：50%福美双500～700倍液，

50%退菌特600～800倍液，78%科博600～800倍液，80%代森锰锌600～800倍液，25%阿米西达2 500倍液，10%世高2 000倍液。

③套袋。对重病区可在最后一次疏果后，进行套袋，预防病菌感染。套袋前应对葡萄进行全面喷药，套袋前用25%戴挫霉1 200～1 500倍液或异菌脲喷洒果穗。

6. 葡萄黑痘病

（1）症状

葡萄黑痘病主要危害葡萄的绿色幼嫩部分，如幼果、嫩叶、叶脉、叶柄、枝蔓、新梢和卷须等。其中，果粒、叶片和新梢受害最重，损失最大。

果实受害，幼嫩果粒初期产生褐色小斑点，后扩大，中央凹陷，呈灰白色，外部仍为深褐色，而周缘紫褐色似"鸟眼"状。多个病斑可连接成大斑，后期病斑硬化或龟裂，病斑仅限于表皮，不深入果肉。病果小、味酸、无食用价值。潮湿时，病斑上出现黑色小点并溢出灰白色黏质物。

（2）防治方法

出土上架后，使用5波美度石硫合剂喷布树体及树干四周的土面，减少病害的初侵染来源。

展叶初期（二叶一心，新梢约5cm长度时）开始防治，以后根据气候与葡萄物候期及时喷药，对于重病的果园和感病的品种，每15天左右喷药一次。其中，二叶一心期、花前1～2天、80%谢花及花后10天左右是防治黑痘病的四个关键时期。效果较好的药剂有：70%安泰生可湿性粉剂600倍液，78%科博可湿性粉剂800倍液，40%氟硅唑乳油8 000～100 000倍液，10%苯醚甲环唑3 000倍液，25%嘧菌酯悬浮剂5 000倍液，波尔多液（1：1：160～200），75%达科宁（百菌清）可湿性粉剂1 000倍液等。

7. 葡萄溃疡病

（1）症状

葡萄溃疡病可危害果实、枝条、叶片，果实出现症状是在果实转色期，穗轴出现黑褐色病斑，向下发展引起果梗干枯致使果实腐烂脱落，有时果实不脱落，逐渐干缩；在田间还观察大量当年生枝条出现灰白色梭形病斑，病斑上着生许多黑色小点，横切病枝维管束变褐；也有的枝条病部表现红褐色区域，尤其是分支处比较普遍。有时叶片上也表现症状，叶肉变黄呈虎皮斑纹状。

（2）防治方法

①清洁田园。及时清除田间病组织，集中销毁。

②加强栽培管理。严格控制产量，合理肥水，增强植株抗病力；避雨栽培的要及时覆盖塑膜，避免葡萄植株淋雨。

③剪除病枝及剪口涂药。剪除病枝条统一销毁，对剪口进行涂药，可用甲基硫菌灵、多菌灵等杀菌剂加入黏着剂等涂在伤口处，防治病菌侵入。

8. 葡萄穗轴褐枯病

（1）症状

主要危害葡萄幼嫩的花序轴或花序梗，也危害幼小果粒。发病初期，先在幼穗的分枝穗轴上产生褐色水渍状斑点，迅速扩展后致穗轴变褐坏死。病害继续扩展整个花穗，全穗变褐最后脱落。

（2）防治方法

花序分离至开花前是最重要的药剂防治时间。对于花期前后雨水多的地区和年份，结合花后其他病害的防治，选择的药剂能够兼治穗轴褐枯病，较好的药剂；42%代森锰锌悬浮剂600～800倍液或80%代森锰锌800倍液等。内吸性杀菌剂有70%甲基硫菌灵可湿性粉剂500～600倍液；10%多抗霉素可湿性粉剂600倍液；20%苯醚甲环唑水分散粒剂3 000倍液等。

9. 葡萄根癌病

葡萄根癌病又称冠瘿病，根头癌肿病、根瘤病，是世界上普遍发生的一种根部细菌病害。根癌病一般发生在根颈部和靠近地面的老蔓上，由于根部受损伤，植株地上部生长衰弱，产量和品质下降，经济寿命缩短，严重时植株干枯死亡。防治方法如下。

①苗木和种条消毒。新引进的苗木和种条，在栽植前用硫酸铜100倍液浸泡5分钟，或用3%的次氯酸钠溶液浸泡3分钟进行消毒。

②药剂防治。发现病瘤及时刮除，刮时要彻底清除变色的形成层，并深达木质部，然后涂抹5波美度石硫合剂或硫酸铜50倍液，保护伤口，以免感染。刮除的组织应带出果园集中烧毁。

③生物防治。栽植前用放射土壤杆菌K－84、MZ15等生防菌剂处理根部或用链霉素涂抹治疗，能有效保护葡萄伤口感染。

（二）虫害

葡萄园发生的虫害主要有斑叶蝉、缺节瘿螨红蜘蛛、金巴牛等。防治斑叶蝉可用黄板诱杀，喷施吡虫啉2 000倍液或阿维菌素4 000倍液；瘿螨红蜘蛛防治可喷洒虫螨克500倍液或20%达螨灵可湿性粉剂1 500倍液；金巴牛的防治采用果实套袋法即可。

（三）鸟害

①棚架栽培可减轻鸟害。

②果实套袋加防鸟网可完全避免鸟害。

③利用电子驱鸟器。

（四）风害

架材选用粗度最好12cm×12cm，柱内铅丝不少于4根，边柱设锚石拉揪线或支戗柱，上风头要规划好防风林带等。

（五）霜冻害

早霜危害葡萄叶片，致使大部分叶片干枯，枝条木质化程度降低；晚霜危害葡萄嫩梢，可使叶片全部冻坏。早霜来临时，可用熏烟法预防，9月20日左右准备好烟雾剂。晚霜发生季节，风力大，熏烟无法保障，推迟葡萄出土时间，避开霜冻期效果较好。

（六）冻雹灾害

对于葡萄来说，冻雹受害时期越早损失越大，防治措施最好是安装防雹网，再有就是果实套袋。已经受雹灾危害的，将影响葡萄枝蔓成熟度，需在8月中旬及时喷布PBO 300倍液，并加喷磷钾叶面肥，以促进枝蔓成熟，保证安全越冬。

（七）生理性病害

葡萄生理性病害是园田中常见的非侵染性病害，葡萄在生长发育时，需要一定的环境条件，不良的环境条件会引起生理病害发生。

1. 病原与症状

葡萄上常见的生理性病害主要是由于营养条件不良所致，生长期缺少某种微量元素所表现的症状，是极复杂的植物生理变化，其症状多表现为变色、萎蔫、落叶、落果等不正常现象。病因不同，所表现的症状也不同。

①缺氮植株生长缓慢、叶发黄、枝蔓细弱。

②缺磷整株叶片呈暗绿色，有时出现紫斑或灰纹，果实小，果实延迟成熟。

③缺钾引起组织坏死。

④缺镁引起植株失绿、尤其老叶的叶脉间明显缺绿。

⑤缺铁叶片黄化，首先表现在嫩梢幼叶的失绿。花穗浅黄色，花蕾脱落。

⑥缺钙引起裂果。

⑦缺硼葡萄花穗小而不鲜艳，花粉萌发受阻，坐果率降低，造成大量落花落果。根部坏死、畸形。

⑧缺锌引起葡萄叶片小，果粒发育不齐，出现“老少三辈”果。

⑨缺锰新梢基部叶片生长缓慢，果实成熟晚，果粒着色不齐。

⑩烈日炎炎和干旱暴晒下，造成叶片日灼，果粒失水灼伤，出现褐色斑块。

⑪葡萄园附近有工厂，所排放的有害烟气（如二氧化硫、氟化物等）、废水等含有引起葡萄发病的有毒物质，常造成叶片焦边、枯黄、提早落叶等。

2. 综合防治措施

增施有机肥和复合肥是改善生理性病害的基础，根据症状与缺素情况，采取对症下药。如缺氮缺磷增施有机肥；缺钾叶面喷施2%氯化钾溶液或增施草木灰等；缺镁叶面喷施3%硫酸镁溶液；缺铁叶面喷施2%硫酸亚铁溶液加0.15%柠檬酸或根部埋施硫酸亚铁；缺硼开花前叶面喷施0.2%硼砂溶液或根部埋施硼砂；喷氨基酸钙可预防裂果；缺锌叶面喷施0.4%碱性硫酸锌溶液加适量生石灰水；缺锰开花前叶面喷施0.3%硫酸锰溶液。在葡萄生产中，近年喷施12%稀施美（依尔）水剂400～600倍液，生长期共喷4次，对预防和治疗葡萄黄叶、白叶、缩叶、卷叶、裂果、缩果、小果、生长不良、植株畸形等缺素症，效果明显。

第三章 苹果、梨

一、苹果树、梨树土肥水管理技术

大同地区苹果、梨适宜栽培区主要集中在各县区小气候条件较好的区域，果树抗寒、矮化栽培将是发展方向之一。

（一）土壤管理

1. 平整土地，整修梯田

地势不平的果园，要平整园地，山坡地要尽快修成质量较高的梯田，以保持水土。

2. 深翻改土

建园前未深翻的果园要在1～2年内进行果园深翻，熟化土壤，深翻应结合增施有机肥。方法有逐年扩穴、隔行深翻、全园深翻等，使活土层深度扩展到50～60cm，也可树盘喷施土壤改良剂如免深耕等土壤改良剂。

3. 合理间作

严禁间作高秆、棚架作物、与果树有共同病虫害的作物及需水量大的秋菜，最好种植豆类和绿肥等作物。间作时，幼树要留足树带或树盘（≥树冠直径）。当盛果期树行间只有1～1.5m时应停止间作。

4. 中耕锄草

在实行清耕的果园，生长季要经常保持土壤疏松、无杂草状态。每年中耕4～5次，特别是雨后和灌水后，黏土地更应重视中耕锄草，草高不要超过 30cm，在用除草剂实行免耕的果园，应该适时、适量喷布农达或百草枯等除草剂，严防草荒。

5. 土壤覆盖

根据实情，一些不以作物秸秆为主要燃料的地区或秸秆有余或杂草丰富的地区，均可实行“果园覆草制”。具体做法是：覆草前树下灌足水，覆草厚度 20cm 左右，每亩 1 500kg 秸秆或杂草（折合干草）。留出树干空隙，追施适量氮肥（10～15kg/亩），以调节碳氮比，促进微生物的活动。并注意星星点点压些土，以防风吹和发生火灾。覆盖种类：秸秆、杂草、绿肥等，覆草后注意每年随时添加覆盖物，总保持 20cm 厚度。覆盖后易滋生病虫和引起鼠害，要加强防治。

（二）肥料管理

1. 增施优质基肥

①施肥量：幼树期（1～5 年生）亩施 2 500kg，盛果期树 4 000～5 000kg。

②施肥期：秋季采果前后施用（晚熟种采前，中晚熟种采后施）。

③施肥法：幼树期以沟施为主，也可用穴施，盛果期树则用全园撒施法。所用肥料有羊粪、鸡粪、麻饼、农家肥、圈肥等。

2. 巧施追肥

①施肥量：目前，生产上普遍推广配方平衡施肥，根据当地情况，果园化肥施用量（有效成分），一般应为：氮 40～50kg/亩，五氧化二磷 35～40kg/亩，氧化钾 40～50kg/亩。

不同年龄时期树配方施肥量不同：1～3 年生幼树，株施氮、磷、钾复合肥 0.2～0.4kg；4～9 年生初果树，花前株施氮、磷钾复合肥 1kg。若氮、磷、钾均为单元素肥料时，可按所需配比施入，将全部氮肥用量的 1/2 及全部磷、钾肥一次施入，其余 1/2 氮肥，于花芽分化期施入。盛果期果树亩施尿素 30kg 和果树专用复合肥 70kg。

②施肥期：幼旺树，宜春梢停长期（5月底至6月中旬）追施；初果期树，宜在花前、花芽分化前（4月中下旬至6月中旬）追施；盛果期树和弱树于萌芽后春梢旺长前追施；中庸树一般在花芽分化前和秋季施用。

3. 注重叶面喷肥

幼树于5月中旬后每隔10天连喷3次0.3%～0.5%的尿素，7月后喷0.3%～0.5%磷酸二氢钾3次。

结果树可于5月上旬喷1次0.5%的尿素，每隔10天喷1次，连喷3～4次。8～9月喷2～3次磷酸二氢钾，间隔15天。落叶前10天左右喷施B－N液（每50kg水加入硼砂0.5kg、尿素0.3kg）。此外，也可喷光合微肥或叶面宝或稀思美等。

若出现缺素症，可随时喷施相应的微量元素，缺钙地区，可喷施400～500倍的氨基酸钙，连喷3～4次。

（三）水分管理

在生长期中，降水量低于500mm的地区需要灌溉。大同地区易出现春旱、伏旱，给苹果生产造成巨大的威胁。因此，应加强水分管理工作。

1. 保墒

保墒方法：春季顶凌刨园，雨后或灌溉后含墒中耕，旱季松土除草，雨季来临前耕翻，深秋深翻施肥等。有条件的果园可用杂草、秸秆、绿肥等进行趁墒覆盖及地膜覆盖。覆膜，早春愈早愈好（用黑膜、防杂草膜）均有显著的保墒、除草效果。

2. 灌水

①时期：萌芽前、花前、春梢生长期（需水临界期），果实膨大期、后期（秋施肥和灌冻水）等，土壤持水量经常保持在田间最大持水量的60%～80%，如低于50%时就要灌水。入冬前一定灌足封冻水。

②灌水量：幼树每株灌100～150kg，初果期树150～250kg，盛果期树400～500kg，亩灌水量为20～40t。总的灌水标准是：根

据土壤含水量要达到田间最大持水量的60% ~80%。若推广滴灌、喷灌，渗灌，灌水量可以减少2/3 ~4/5，在旱地果园尤为重要。

③灌水方法：树盘灌、条沟灌、滴灌、穴灌、穴贮肥水等，因地制宜采用。

3. 排水

当园地超过最大持水量时需排水，排水工作必须引起高度重视。

二、苹果、梨花果管理技术

1. 促花

花少的旺树要缓势促花，方法有：晚春修剪、轻剪缓放、拉枝开角、人工手术、化学控制、控水减氮增磷钾肥等，使花量达到预定产量的要求。

2. 提高坐果率

幼树坐果率偏低，提高坐果率的措施有：改善后期营养状况、花期人工授粉、蜜蜂传粉、花期喷硼、花前补氮、花前复剪、花期环割等。

3. 疏花疏果，合理负载

果实间距保持在20 ~25cm，在花后26天内定完果，留果时选侧向果、中心果和壮枝果，去除病虫果、畸形果、小果等。每亩留果1万~1.2万个即可。

4. 提高果实品质

在增施有机肥的基础上增施磷钾肥，有机肥尽可能施绿肥和羊粪鸡粪等。生长期中保持均衡供水，保持氮磷钾合理配比。

①喷果实膨大素。盛花期喷1次、幼果期喷2次（相隔15天）250倍液的膨大素，可增加单果重量。

②果实套袋与摘袋。在留单果条件下，于花后35 ~40天内进行。宜用双层果袋，单层袋易生日灼，影响套袋效果。红色品种外

层袋在采收前45天除掉。内层袋如果是绿色的，应在日照良好的情况下保留5天；红色内袋保留5~15天；蓝色内袋保留5~10天。晴天10时以后摘除树冠东侧、北侧的袋，于15时以前摘除树冠上部和西侧的袋。阴天可全天摘袋。黄色品种不要去袋，采收时连同果实袋一并摘下，装箱时再除袋，以确保果实洁净，并减少失水。

③喷施防锈剂。蕾期、果实膨大期和果实生长后期各喷1次600倍美果露，全年喷施3~4次，有良好的防锈作用。

三、抗寒优质苹果、梨新品种介绍

近几年，国内外选育引进的苹果、梨新品种层出不穷，引起了众多栽培者的极大兴趣。为避免盲目引种，坚持适地适栽，适地适(品)种的原则至关重要。下面，介绍几个适应大同地区的抗寒优质苹果与梨新品种。

(一) 苹果新品种

1. 藤牧一号

果实为圆形或长圆形，果形指数0.86~1.16，平均单果重217g，最大300g(腋花芽结果，平均单果重188.5g)，果面洁净，光亮美观。果皮黄绿色至鲜红色，果肉黄白色，肉质脆，多汁，甜酸可口，香味浓，果实硬度8.7kg/cm^2，可溶性固形物含量为11.5%。品质中上至上等。

①生物学特性：树势强健，树姿直立。萌芽力强，成枝力中等。腋花芽较多，短果枝结果为主，丰产性能稳定。大同地区8月下旬成熟。

②适应范围：藤牧一号抗寒力强，适应性广，且早果、丰产、质优，备受栽培者青睐，是当前一个很有发展前途的优良早熟苹果品种。

③栽培要点：幼树生长势强，树姿直立，应注意开张枝条角

度；采取目伤、拉枝、扭梢、少疏枝，及时控制背上枝，缓势促花，并充分利用腋花芽结果习性，提高早期产量。由于该品种坐果率高，为使果实均匀整齐，大而色艳，必须疏花疏果。授粉品种可选金冠。

2. 寒富

果实短圆柱形，果形指数0.89，果形端正，平均单果重250g（最大果重350g）底色黄绿，阳面片红，可全面着红色。果肉淡黄色，甜酸味浓，有香气，酥脆多汁，品质优，口感好。果肉硬度9.9kg/cm^2，含可溶性固形物15.2%，总糖量12.5%，总酸量0.34%，糖酸比值36.8。耐贮藏，一般可贮至翌年5～6月。

①生物学特性：寒富树势健壮，树姿较开张，萌芽率高，成枝力较低，叶片厚、节间短、短枝性状明显，短枝率为79.8%。以短果枝结果为主，占62.1%，中长果枝结果占13.7%，腋花芽结果占24.2%。坐果率高，平均每花序坐果1.8个，花序坐果率为82.5%，花朵坐果率为46.2%。结果早，幼树定植第三年开始结果，大同地区9月下旬成熟。

②适应范围：寒富抗寒力强，能抗－32℃的低温，可在年均温7℃左右的地区栽培，且抗旱、抗病、耐瘠薄。

③栽培要点：授粉树以吉早红、寒光等抗寒品种为宜，树形以小冠疏层形或自由纺锤形为宜。修剪时，除延长枝头适度短截外，其余枝条宜长放，并实行开角或拉枝，待结果后再适度回缩。因成枝力低，应少疏枝。为保持树势和稳产优质，应注意疏花疏果。

3. 嘎拉

底色黄色，上有红色条纹，果实肉质脆，汁液多，风味佳，香气浓，较耐贮运，结果早、丰产性好。成熟期较金冠早20天左右，单果重140g，大同地区8月下旬成熟。

此外，还有丹霞、晋霞、吉早红、宁丰、寒光等抗寒苹果新品种市场表现良好，可引种栽培。国光、槟沙果、金红123、黄太平等老品种虽抗寒性好，但市场竞争力弱，应限制发展。

（二）梨新品种

1. 东宁5号梨

①果实形状：果形似苹果梨，扁圆形，平均单果重250g，最大果重625g。采收时果皮绿色，阳面稍有红晕，贮后变黄，有较多蜡质。果肉酥脆多汁，石细胞小而少，可溶性固形物13%左右，稍有香气，品质上。果实极耐贮，可贮存至翌年5月，贮存后果心无变黑现象。

②生物学特性：树体强健、树姿开张、萌芽率高、成枝力强，初果期中长果枝结果较多，大量结果后以短果枝结果为主，幼树定植后4~5年开始结果，早丰，亦较稳产，果实成熟期9月下旬。适宜的授粉树为早酥梨、大南果梨等。

③适应范围：该品种抗寒、抗腐烂能力强于苹果梨，尤其高抗黑星病和褐斑病。

2. 早酥梨

果实个大，平均单果重230g，果实卵圆。果面光洁、具蜡质，果皮绿黄，汁多味甜，含糖12%，果肉细而松脆，花序坐果率43%。品质上等，是梨果中最早上市品种之一。

该品种适应性较广，花芽抗冻性强，其抗寒性近似苹果梨。

此外，粉酪梨、锦丰梨市场前景广，大同地区可搭配发展。大果优质玉露香梨新品种，在灵丘南山区发展有潜力，高接树效果好。老品种苹果梨品质一般，市场竞争力弱，应限制发展。

四、苹果、梨主要病虫害防治技术

（一）苹果腐烂病

在北方苹果生产中造成威胁的主要病害是苹果树腐烂病，常造成枝枯、树死。只有以栽培防病为基础，进行综合防治，方可取得理想防治效果。

防治方法如下。

①要加强土肥水管理，多施有机肥，增施磷钾肥，避免偏施氮肥；控制负载量；合理修剪，克服大小年；清除病源，9～10月刮除落皮层；及时进行病疤桥接。

②树体保护是预防此病的积极措施，用40%福美砷进行两喷一涂已日益被广大果农所接受。两喷一涂即发芽前喷100倍液、晚秋11月喷100～200倍液，6～7月主干、主枝及其分叉涂抹50倍液。可用波美5度石硫合剂或100倍硫酸铜或腐必清2～5倍或烂腐敌20～25倍液涂抹。

③病疤治疗是目前防治此病的有效方法，病疤治疗要常年坚持，重点在晚秋和早春。刮治病斑成梭形立茬，在病部划半厘米宽的纵道，后涂砷渗剂。砷渗剂的配方为40%福美砷1份、渗透剂1份、水50份。

（二）早期落叶病

苹果早期落叶病中以苹果褐斑病的危害最大。此病的防治，在加强土肥水管理、提高树体抗病能力的前提下，首先应分期分批地认真做好秋季清扫落叶工作。药剂防治要贯彻防重于治，狠抓一个“早”字。用药重点在花后、雨季来临前和雨季三个时期。生长前期喷1：3：200石灰多量式波尔多液，金冠品种可喷锌铜波尔多液。后期可喷50%多菌灵800倍、50%退菌特600倍、50%甲基托布津1 000倍、65%代森锌500倍液。近年来新发生的苹果斑点落叶病，在药剂防治上可喷70%代森锰锌500～700倍、40%乙膦铝200倍、50%扑海因1 000倍、80%大生M～45可湿性粉剂800倍液。

（三）梨黑星病

1. 症状

当果实长到指头大时开始显现病症，病部初期为淡黄色圆形病斑，不久斑点上长出黑莓，病部逐渐硬化、凹陷、龟裂。病果很小，畸形。后期果实染病后，只有斑点而不变形，9月中下旬以后的病斑一直为黄白色，不长黑霉。

2. *防治方法*

①细致修剪。结合早春修剪，将树上病枝、病芽、弱芽彻底清除，同时也将过密的枝条和花、叶芽疏间一部分，使树势均匀，枝条分布合理，通风透光良好，保持树势健旺，增加抗病能力。

②清除病源。早春梨树发芽前，将地上的病果、病叶以及修剪下的病枝、病芽等全部清扫并烧毁，减少当年初侵染源。

③适时喷药。根据梨黑星病发病规律每年有四次侵染，喷药应在每次发病之前或发病初期，以控制发病高峰。一般第一次药在落花后的5月中旬喷洒，药剂可用50%多霉清可湿粉剂1 200～1 500倍液，隔15天喷第二次药，第三次在6月下旬喷布1∶2∶200波尔多液，第四次7月中旬仍用多霉清喷布，后隔15天再喷1次，8月下旬再喷1次波尔多液。

（四）桃小食心虫

桃小食心虫是一种钻蛀性果树害虫，可为害苹果、梨、枣、山楂和桃等果树。目前，对桃小食心虫的防治，实行以药剂防治为主的综合防治。地面覆盖塑料薄膜和药剂处理土壤，将越冬幼虫控制在上树前是此虫防治的重点。

桃小食心虫的地面防治时间大同6月下旬至7月中旬。主要使用药剂有50%辛硫磷乳剂、30%甲拌磷颗粒剂等。胶囊剂和乳剂稀释100～200倍喷雾，颗粒剂混灰渣或沙土稀释50～60倍撒于地面。地面喷洒药剂前，一定要清除树冠下杂草，平整地面，施药要均匀周到，根茎周围药量宜大。山地果园应注意梯田壁和土堰的处理。

树上杀卵保果时间大同为7月中旬至8月上旬。常用药剂有50%马拉硫磷1 000倍、30%桃小灵2 000倍液和菊酯类农药2 500倍液。此外，25%灭幼尿3号2 000倍液，对防治该虫有特殊效果。

（五）梨小食心虫

梨小食心虫是世界性果树害虫，为害寄主广，发生世代多、世代虫态重叠不整齐是其发生特点。此虫在大同地区主要危害梨、桃和杏等果树。梨小食心虫危害的梨果、桃果基本没有经济价值，因此，梨小的危害性胜于桃小食心虫。

梨小食心虫的防治，必须进行综合防治。首先避免桃梨、桃山楂、杏梨等树种的混植和邻植，以免互转寄主。在农业技术防治和人工防治方面，应认真贯彻冬春刮树皮、早春浅培土、秋季束草诱集、摘虫果拾落果和糖醋诱杀等等。梨小食心虫的药剂防治适期：梨园保果的防治重点在后期，7 月下旬、8 月中旬、9 月上旬是用药的关键。常用药剂有 40% 水胺硫磷 1 500倍 50% 马拉硫磷和杀螟硫磷 1 000倍、2.5% 功夫菊酯或 2.5% 天王星 3 000倍。

（六）红蜘蛛

苹果园的害螨，绝大多数为山楂红蜘蛛。这些叶螨的为害损失虽然不如食心虫类那样直观，但其为害使叶片失绿、加速水分蒸腾、影响光合作用，造成果树生理机能失调、叶片提前脱落、降低当年产量品质、抑制花芽分化等弊端是不能忽视的。

红蜘蛛的综合防治，包括秋季束草诱杀，早春刮树皮，保护天敌和生长期药剂防治。此虫药剂防治的 3 个关键时期是花序分离期、国光品种落花后 7 ~ 10 天和麦收前。常用药剂有石硫合剂（花前花后波美 0.5°，夏季波美 0.2 ~ 0.05°）、20% 三氯杀螨醇 1 000倍、40% 水胺硫磷 1 500倍、20% 灭扫利 2 000倍液等。

（七）梨木虱

1. 症状

春季梨木虱成虫与若虫多集中在新梢和叶柄处为害，夏秋多在叶面上吸食。受害叶片的叶脉扭曲，叶面皱缩，产生枯斑并逐渐变黑，造成提早落叶。若虫能分泌大量黏液，常将叶片粘在一起或黏在果实上，诱发霉病污染叶片和果面，影响叶片光合作用和果实外观品质。果柄受害果实变小，枝条受害则生长停顿、萎缩、发育不良。

2. 防治措施

①人工防治：早春刮除老翘皮，清除园内枯枝、落叶及杂草，消灭越冬成虫。3 月中下旬成虫出蛰后，早晚震打树枝，可将静伏在树枝上的成虫震落。震打前先在树冠下铺好塑料布，震后将虫集中消灭。

②药剂防治：3 月中旬，成虫出蛰活动高峰期，喷1 次 20% 好安威乳油 2 000倍液或 10% 吡虫啉 3 000 ~5 000倍液，或 28% 硫氰乳油 2 000倍液。3 月下旬，产卵盛期喷一次 5% 高效氯氰菊酯 1 500倍液。5 月中旬，即花后第一代若虫孵化盛期，喷 50% 梨虫净 1 500倍液。7 ~ 8 月，若危害严重，可喷一次 20% 好安威乳油 2 000倍液，或 20% 溴氰菊酯 1 500倍液。为减轻前期危害所造成的落叶，可加喷绿芬威 1 号 1 000倍液，或 1. 8% 爱多收 600 倍液。

（八）蚜虫

1. 症状

以成虫和若虫群集在新芽、新梢、嫩叶或幼果上吸食汁液。嫩叶受害后皱缩，并出现红色小斑点；较大叶片受害常自两侧边缘向背面纵卷呈条状（双筒形），后变褐而干枯；新梢被害表现细弱极不充实；幼果受害，果面出现凹陷不整齐的红斑，严重时成为畸形果。

2. 防治措施

①早春结合修剪截除被害枝梢，消灭越冬卵。

②苹果发芽后，抓紧早期喷药防治，即越冬卵全部孵化后，叶片尚未被卷害之前进行，适宜的施药时期是发芽后 15 天左右。常用药剂有 2. 5% 功夫乳油 2 500倍液、25% 吡虫啉 2 000倍液或灭蚜净等。

五、苹果树整形修剪技术要点

苹果对整形修剪要求较严格，一般根据栽植密度选用相应的树形，株距在3m以上的，宜用小冠疏层形；株距在2～3m的，可用自由纺锤形和开心形。

（一）小冠疏层形

栽后第一年，春季萌芽前定干，剪留60～70cm，剪口下要有10来个充实饱满的芽。为了能在第一年抽出的枝条中选出第一层主枝，对萌芽发枝力低的品种，可从剪口下第四芽开始，每隔二芽刻一芽，即在芽的上方横刻一刀，深至木质部，或涂抹抽枝宝、发枝素，以促使发出健壮分枝。萌芽后，对靠近地面40cm内的萌芽随时抹除，集中养分供给新梢生长。夏季，从抽生的新梢中，选出上部位置旺枝作中央干延长头，下方的竞争枝随即摘心、扭梢或疏掉，再在下部新枝中选邻近或邻接的3个枝留作主枝。秋季，将中央干延长头留1m左右摘心，主枝留70cm左右摘心，使其发育充实，芽体饱满。长度不足要求的可推迟摘心。正常落叶前1个月左右，若新梢仍处于旺长状态，则应全部摘心，使其充分木质化，增强越冬抗寒能力，防止冬春抽条。冬季修剪时，中央干延长头剪留80～90cm，主枝剪留40～50cm，并将主枝角度开张到60°，两主枝夹角调整为120°左右。其他枝暂留作辅养枝，缓放不剪，待以后再定去留。

栽后第二至第三年，根据生长情况，继续选留第一、第二层主枝。第一层主枝应在20cm内选出，一般不超过30cm，并在第一层主枝上选配1～2个小侧枝，侧枝要选在主枝的背斜侧方向。抽枝位置不理想的，也可用涂抽枝宝的方法使其在适当位置发枝。第一侧枝距中央干不少于30cm，第一、第二侧枝间距50cm左右，并左右排开。第一、第二层主枝间距离要留够70～80cm，为以后安排大型枝组作准备。其间的枝条一般不短截，缓放作辅养枝，并开角至80～90°。

主枝延长头继续在饱满芽处短截，剪留50～60cm。长度达到1m左右时，拉开成60°角，不足1m的暂不拉。主枝背上的直立旺枝，长度达到30cm左右时，要在夏剪时扭梢或拿枝。从第三年夏季起，对一、二层间的大辅养枝进行扭、拿或环割（剥），缓势促花。

栽后第四至第五年，4 年生时，若树冠仍不够大，株间尚未交接，主枝还可继续短截，扩大树冠。若株间空间不大，即将交接，则主枝延长头即停止短截。一般 4～5 年生时，树冠可达到预期大小，高度达 3m 左右。这时一、二层主侧枝均已选够。

（二）自由纺锤形

栽后第一年定干 70～80cm，2～3 年每年将中央干剪留 50～60cm。生长过旺的树，中央干也可用竞争枝换头，或长放不剪。在中央干上，每年选留 2～4 个小主枝，间距 15～20cm，上下插空，避免上下重叠和密挤。小主枝每年剪留 50cm 左右，待其总长度达到 1m 左右时，即拉成 70～80°角，接近水平状态。其他辅养枝可尽量多留，不短截，直接拉成 90°角（水平）。小主枝、辅养枝拉开后背上抽生的直立枝、徒长枝，凡靠近中央干 20cm 以内的全部疏除，20cm 以外的则在夏季用扭梢、拿枝的办法改变方向，缓和长势。

栽后第 4～5 年，下部小主枝延伸达 1～1.5m，株间已经交接，树冠占满营养空间，树高也达到 3m 左右。修剪时小主枝不再短截，改为长放，以利于缓和长势，稳定树冠，减少外围枝量，并促进成花。中央干也不再短截，维持树高。若高度超过 3.5m 时，可在开始结果、树势稳定后，落头到 2.5～3m 处。要注意维持小主枝之间的基本平衡，下部主枝大于上部。个别小主枝过于强大时，可疏去其上强旺的直立分枝，或对小主枝回缩。中央干上枝量大，小主枝距离近，显得密挤的，也可疏除一部分，以保证树势稳定。

随着树龄的增长，10 年生以上纺锤形树将要逐渐改造成高光效小冠开心形，以提高果园光能利用率，实现果实的高品质。

（三）开心形

苹果开心形的结构特点主要体现在两个方面：其一是树冠水平方向的自然延伸；其二是枝组垂直方向的立体下垂。

树冠的水平方向自然延伸，是指以主枝、侧枝为代表的树冠叶幕沿水平方向自然生长，叶幕在水平方向是不重叠的单层排列，构成了简洁的树体骨架结构。枝组的垂直方向立体下垂，是指在骨干枝上的大、中、小型结果枝组（轴）松散，细长生长，且呈下垂状态，构成了开心形的立体结果区域。这种平面骨架与立体枝组的组合，在充分利用空间的前提下，使结果枝的每个枝芽、叶、果都获得了均匀良好的光照条件，同时，也充分尊重和利用了苹果生长的结果习性。

苹果开心形的结构比较简洁，成龄树通常由主干、永久主枝、侧枝和下垂结果枝组四部分构成。与其他乔化树形相比，开心形苹果树的主枝数量少（2～3 个），主枝延伸角度平缓，而下垂结果枝比例则明显高于其他树形。

六、梨树整形修剪要点

梨树和苹果都是仁果类果树，某些生长结果特性与整形修剪方法与苹果类似，但梨树的乔木性状更明显。在自然生长的情况下，梨树树冠高大，干性强，根系强大发达，对环境的适应性强，耐寒耐旱，更适于在丘陵山区发展。梨树的大多数品种顶端优势强，分枝角度小，树姿直立，萌芽力强而成枝力低，潜伏芽寿命长，老树更新容易，形成花芽容易，大量结果后以短果枝结果为主，且易形成短果枝群，丰产性能比苹果树高。

梨园主要树形有小冠疏层形、延迟开心形、变则主干形等。适于密植梨园的树形有圆柱形、纺锤形、单层高位开心形。下面，主要介绍单层高位开心形的整形过程：

1. 栽后第一年

从 80～100cm 处定干，剪口下要有 4～6 个饱满芽。一个梨园在定干时剪口芽最好留在同一方向，以便保证全园树形整齐一致。为了促发分枝，定干后可对剪口下第三至第六芽目伤，即在芽上

0.5cm处横切一刀至木质部。萌芽后，将主干距地面60cm内的嫩芽抹去。7月夏剪，从分生的新梢中选上部位置居中的一个旺枝作中央干的延长头。剪口下第一枝生长弱时，可改用第二枝，并将第一枝疏去。其余分枝从基部拉开，呈70°左右拉开。

冬剪时看枝条生长状况决定修剪程度。中央干延长头不足30cm时可不剪，使其下年再发旺枝；长度在30~50cm之间的剪去顶芽；50cm以上时留4~6芽短截，并对剪口下第三至第六芽目伤。中央干延长枝生长很弱，其下有旺枝的可以换头。其余分枝拉平后不足50cm的一律长放，50cm以上的留2~3个芽重短截，成为枝轴。

2. 栽后第二年

夏剪时中央干延长头的选留同上年，下部长放枝上有花芽的要疏去，以集中营养长树。原来的旺分枝重短截后发出的枝条，选2个拉平长放作为枝组，后部的扭梢变向，长放促花。因发枝不均造成树冠某个方向有空隙缺枝的，可从多枝处选一个拉弯补充。冬剪时中央干延长头仍留4~6个芽短截，下部分枝不足50cm的长放，50cm以上的留2~3个芽短截。

3. 栽后第三至第四年

定植3年后，生长开始转旺，当年新梢可达80~100cm。这期间要继续选留长放枝组，3~4年生时，枝组可基本选够，树高也达3m左右。修剪上要注意以下方面。

①不管是中干上的长放枝组，还是短截成枝轴上的枝组，长度达到1m左右的，都要在7月拉枝，保持70~80°的角度，并调整枝组方位，及时从多枝处向缺枝处拉枝补空，使树冠保持圆满。

②树高达到预定高度后，短截中央干延长枝时，剪口下第一、第二芽要留在东西两侧，并对第二芽目伤，使这两芽发出的枝长势均衡，作为最上端的枝组。

③从第三年起要利用中下部的花芽结果，以果压冠。

④随时平衡各枝组间的长势，办法是中庸枝长放，弱枝回缩到

2～3 年生处，强枝重短截。

七、苹果抗寒矮化栽培技术要求有哪些

苹果的矮化栽培是苹果生产的发展方向，具有抗寒抗旱矮化中间砧 SH 系和 Y 系的苹果矮化新品种，结果早，丰产稳产，适应性强，将会在北方寒旱区有着广阔的发展前景。

（一）苹果矮化密植的优越性

稀植的苹果园建园后，过 7～8 年地面覆盖率不足 70%～80%，而密植苹果园栽后 3～4 年地面覆盖率就可达 90% 以上。由此可见，密植果园截获的阳光多。

密植果园从个体看，枝量小，树冠丰满；从群体看，栽植密度大，树冠能很快覆盖全园，能充分利用空间和光能，对土地的利用也很经济。由于密植园叶片多，所以叶面积系数增长快，光能利用率可显著提高。密植的树冠小，透光良好，叶功能强，光合产物多，单位面积产量高；而稀植的树冠大，冠内的光照往往较差，形成较大的无效空间，因而影响单位面积产量。矮化密植果园，由于树体小，建造骨架的消耗也小，树体的营养积累也相对增多，有利于早成花，早结果。据研究结果，矮化砧苹果树用于果实的光合产物，一般比乔化砧果树多 5 倍以上，而矮化砧果树分配与果实和枝条的干物质大体相等。也就是说，矮化砧果树的呼吸强度低，而光合效能高。这就是矮化砧果树产量高的根本原因。

利用矮化砧进行矮化密植，株行距 2m×4m 或 2m×3m，每亩 82 株或 111 株，一般栽植密度大，早期产量高，保持树冠矮小的措施较为简便。

由于矮化砧苹果的枝叶量少，用于果实的同化物质所占的比例大，树体贮藏的营养相对减少，一旦负载量过大，不仅容易出现大小年现象，而且还会导致早衰。

（二）矮化密植园的建园要求

1. 苗木质量

在密植条件下，只有保证苗木质量好，才能达到单株早结果，群体早丰产的目的。苗木质量好包括：苗木品质纯，砧木质量高，嫁接苗规格一致，大同地区尽量选用抗寒抗旱矮化中间砧苗为SH系和Y系的品种。

2. 改良土壤

密植果园，栽植后再进行深翻很不方便，且易伤根。所以，密植园应在定植前采取沟翻或全面普遍深翻来改良土壤。

3. 施肥

密植果园对肥料的要求较高，并且以后的补给量也大，由于园内根系密集，施肥较稀植果园困难，所以，栽植时要全面施入大量有机肥，尽可能使其维持较长的时间。在栽植密度较高时，追肥一般将肥用水溶解后与灌溉同时进行。为了适时补给土壤有机质，减少深施肥伤根的损失，密植园应间种绿肥，以园养园，同时，为密植果树提供二氧化碳，以弥补密植园因通风不良引起二氧化碳不足的缺点。

（三）矮化密植苹果的目标树形

苹果的树形发展方向是开心形，矮化苹果的最理想的目标树形应是矮化开心形。苹果矮化开心形不仅成形较快，结果较早，树体发育与果实负载较为稳定，而且果实品质优于小冠开心树形和小冠疏层形。这对于大同地区矮化苹果集约化产业发展具有较好的示范作用。矮化开心形的树体结构如下。

（1）干高、树高与叶幕

主干高1～1.5m，树高2.0～3.0m，在主干1～2m选留永久性主枝，叶幕厚度1.3～2.0m。

（2）主枝与侧枝

主干上最终保留2～4个永久性主枝，主枝与主干的夹角60°～70°。主枝上不保留侧枝，在每一个主枝上选留2个结果母枝代替侧枝的功能。

（3）结果母枝与枝组

主枝上直接着生结果枝组，其下垂延伸的枝组长度可达100～130cm。

第四章　核　　桃

大同地区核桃栽培主要集中在灵丘县气候较好的南山区，该区核桃开发面积已达10万亩，核桃产业已成为当地农民脱贫致富的新的经济增长点。

一、核桃丰产管理技术

核桃有丰富的营养，独具特色风味，是退耕还林、防止水土流失的优选经济树种。在大同小气候较好的区域，应坚持的核桃发展趋势是良种标准化、基地规模化、科学园艺化、销售品牌化，技术模式是集成综合丰产管理技术。

（一）合理的品种结构

选用优良品种是发展核桃产业的关键，目前，生产上推广的品种，可分为早实核桃品种和晚实核桃品种两大类型，过去的实生苗核桃栽培基本不再推广。

1. 早实核桃品种

早实核桃是指苗木栽植后2～3年结核桃的品种，大同地区可推广的主栽品种应为辽核1号、中林1号，3号、鲁光等，适量搭配中林5号、辽核3号、金薄香系列、晋香等。这些品种结果早，丰产稳产、品质好、香味浓、出仁率高、抗寒抗旱耐瘠薄。在正常情况下，2～3年开始结果，适应于肥水条件较好的平地和丘陵地栽植。

2. 晚实核桃品种

晚实核桃是指嫁接苗木栽植后4～5年结果的品种。大同地区推广的主要品种有晋龙1号、晋龙2号、晋薄2号、绵核桃等。这些品种坚果较大、丰产、稳产、品质好出仁率高、树体健壮，抗寒抗旱性好，抗病性也好，最适宜丘陵山区栽植。

另外，中农短枝核桃坚果15g左右，壳厚1mm左右，出仁率63.8%，能取整仁；极早丰核桃，为早结果的丰产品种，嫁接大树第二年即可进入丰产期，壮苗当年栽植当年见果，坚果重14.5g左右，壳厚0.9mm，易取整仁。上述两新品种，抗旱、抗寒、耐瘠薄，大同小气候较好区域如浑源王庄堡镇及灵丘南山区等，可有计划推广之。

（二）栽植技术

1. 栽植密度

一般株行距可为4m×6m或5m×5m；在管理水平较好的条件下，株行距可为5m×4m或4m×3m。密度大，前期产量较高，但修剪管理水平要求精细。因为核桃树体较大，密度大的园，到后期树冠难以控制，会给树体生长和田间作业造成困难。

2. 配置授粉树

核桃是雄在下，雌在上，且大多为雄早熟性，异花授粉树种。自然情况下自花结实差、产量低。为了保证相互间授粉良好，达到优质丰产的目的，必须配置授粉品种，即同一地块内栽植2～3个能够相互良好授粉的品种。如晋龙1号配置晋龙2号。中林1号、5号配置辽核1号、3号等。一般主栽品种与授粉品种的比例为4～5：1，可隔4～5行栽一行授粉树，也可在同行内隔4～5株栽1株授粉树。

3. 栽植技术

（1）选择壮苗

选择株高50cm以上，最好株高达1m的苗木，基部茎粗1.5cm以上，主根长度20cm以上，侧根15条以上，嫁接愈合良好、充实健壮、无病虫、无损伤的优质苗木栽植，可保证成活率高，生长势好，结果早。

(2) 挖坑施肥

坑的大小为深度100cm，直径100cm。坑挖好后，秸秆回填坑底，增施有机肥50kg，磷肥2kg，硫酸亚铁1kg。施肥先与土混合施入坑的下部1/2处，接下来施磷肥、铁肥等，上部20cm栽树苗并回填表层熟土，高出地面10cm。

(3) 栽植

春天谷雨前后栽植为宜，以秋挖坑春栽树效果最好，即秋天土壤封冻前挖好坑，并将有机肥、秸秆、杂草与磷肥等混合施入坑中，然后浇水踏实。第二年谷雨前后起苗栽树，及时浇水。这样，一是可充分利用秋后空闲时间按标准挖好坑；二是可多收集农家肥、秸秆、杂草等肥料填入坑内腐熟；三是将肥土填入坑浇水后使下部土肥踏实防止吊根；四是有利于秋冬坑内聚集雨雪；五是可做到春季随起苗随栽树，促进树苗成活与健壮生长。

栽苗时，要修剪根系，蘸泥浆。将苗栽入坑内，要前后左右对齐，嫁接口朝迎风方向，以防风吹折断和冬天埋树弯折。栽植深度为原根层上10cm，埋土后要将苗向上轻提以顺直根系，然后踏实。

(4) 浇水覆膜

树苗栽好后，要做好树盘及时浇水不过夜。若丘陵干旱地区每株树浇水不得少于30kg，坡地还要做外高里低的鱼鳞坑以蓄雨水。3~7天后，要及时松土埋裂缝，并以树干为中心铺1m见方的地膜，以利保湿。

(5) 定干

平川肥水条件较好的地区，定干高度为1.2m，丘陵山区土壤贫瘠地区，定干高度为1m，密植园定干高度可适当低一些，为0.8~1m。定干的时间为核桃芽萌动后为宜，以防伤流死树。定干后要涂油漆护剪口。

（三）加强土肥水管理

1．蓄水保摘

修筑梯田，整修树盘，夏季树盘覆盖杂草厚度25cm左右，覆盖面积宜大于树冠投影面积，草上点状压土，防止草被风刮走。覆草后可防止树盘内的雨水外流，减少水分蒸发，防止树下杂草丛生。覆草腐烂后还可增加土壤肥力，是干旱山区提高核桃抗旱性的有效措施。

2．深翻土壤

每年在核桃采收后至土壤上冻前进行一次深翻，树冠投影范围内耕翻深度为20～30cm，外缘为30～40cm。树干周围浅些，不伤粗根，外缘宜深些，断细根，以促生新根。每年中耕除草3～4次，保持土壤疏松。

3．肥水配套

（1）基肥

核桃采收后至土壤上冻前结合土壤深翻施基肥。可采用撒施，放射状沟施或穴施等方法，平均每株施农家肥200kg，硝酸磷或过磷酸钙3～5kg，在土壤深翻前撒施，然后深翻，以免根系上返，放射状沟施在土壤深翻后进行，从树冠投影线起向外延伸，挖5～6条深40cm，长80cm的放射沟，施入农家肥。有间作物的，可采用穴施法。

（2）追肥浇水

于开花前、幼果发育期和硬核期各施一次速效肥。开花前、幼果发育期以施氮肥为主，硬核期以追施三元素复合肥为主，氮肥为辅。成龄核桃树每年每株施尿素2kg左右，硝酸磷2.5kg左右，追肥后及时灌水，如无灌水条件，定要在雨后施肥。

（3）叶面喷肥

每年叶面喷肥4次，花前和花后各喷1次0.3%硼砂+0.3%硝酸锌溶液+0.3%尿素，7月下旬至8月上旬喷施0.5%磷酸二氢钾2～3次。

（四）搞好适时去雄

去雄是提高核桃坐果率和产量的有效措施，去除雄花芽以休眠期结束，雄花芽膨大期进行为宜。方法为用木钩拉下枝条或蹬梯上树摘除雄花芽，去雄量为全树总雄花量的90%～95%，保留顶部及外围枝条上5%～10%的雄花，即可满足授粉需求。对于雄花少的树可少去雄或不去雄。留果标准是一般为10片复叶留1个果。

（五）加强病虫害防治

核桃举肢蛾被害率高达90%以上，防治方法是采取早春解冻后刨树盘（树冠投影线以外1m的范围内，喷辛硫磷3 000倍液，以消灭出土成虫；幼虫脱果前（7～8月）摘除被害果，集中销毁；或虫羽化（6月中旬）开始，每隔7～10天喷一次菊酯类农药2 000倍液，共喷2～3次。小壳丁虫的防治，应结合冬季修剪彻底剪除虫枝并销毁。天牛的防治，可采用药塞虫孔，捕捉成虫等方法。治核桃刺蛾，可采用化学防治，挖蛹，灯光诱杀成虫等方法防治。核桃腐烂病防治参考苹果腐烂病防治。核桃溃疡病的防治可采用刮除树干病部粗皮，涂抹5度石硫合剂或50%甲基托布津等控制。大青叶蝉也叫浮尘子，秋季为害枝条产卵，常造成第二年核桃抽条死亡，防治应在9月底至10月初喷施敌杀死2 000倍液或功夫4 000倍液，每隔7～10天喷1次，连喷2～3次，这样可减轻来年“盘茬”抽条死树的发生。

（六）注重适时采收

核桃果实充分成熟的标志是青果的色泽由绿色变为黄绿色，并且约有30%的果实果皮有自然开裂。如果提前采收。不仅影响产量，而且还会影响果仁品质。为提高果实商品率，应禁止早采掠青。

二、核桃整形修剪技术

整形修剪是核桃丰产稳产栽培的一项重要措施，合理的整形修剪，可以形成良好的树体结构，调整好生产与结果的关系，从而达到早结果，结果好，连年丰产的目的。目前，核桃树采用的树形主要有疏散分层形，开心形和Y字形。疏散分层形有较好的中央领导干，一般可分3层，有6~7个主枝，一层3个主枝，二层2个主枝，3层1~2个主枝。每层各个主枝围绕中心干，方位角合适，上下相互插空而生，结构合理。

需要指出的是，到2~3年早实核桃进入结果期，各主枝的延长头，侧枝的分枝春梢顶部大多是花芽，均结核桃。结核桃后抽出1~2个果胎副梢，选留一个健壮副梢作为主、侧枝的延长头，其余及早截去，以培养树形。

核桃修剪尽量在落叶前一段时间或萌芽展叶期最好，休眠期易产生伤流，应尽量避开休眠期修剪核桃树。

（一）盛果期树的修剪

主要调节生长与结果的关系，控制树冠改善光照，更新结果枝组，延长盛果期年限。对于辅养枝和下垂枝看空间大小，予以改造利用或疏除。控制顶端优势和背上优势，控外促内，控前促后，防止内膛过分空虚和大枝后部光秃。对于开始变弱的结果枝组，及时回缩及时更新复壮。对于有大小年倾向的核桃树，应注意在大年适当疏剪过多的结果母枝和摘好疏花疏果，以防止因大年结果多导致枝条衰弱，形成雌花芽少，雌花芽发育不良；在小年时应轻剪，多留结果母枝，保花保果，以增加产量。

（二）衰老树的修剪

衰老树外围枝条稀疏，新梢短，生长弱，坐果率低树枝增多，产量逐年下降，内膛易萌发长枝。此期修剪主要目的是更新骨干枝和结果枝组，延长树的经济寿命。对于刚开始衰老的核桃树，要及时回缩更新，使之复壮，首先在骨干枝中上部，选留方位好的壮枝加以培养，待其长到一定强度后，替换原有枝头。也可在2~3年内逐年回缩原骨干枝头，促其复壮。对大枝已开始由上而下逐年开始干枯的极度衰老树，宜从大枝的中下部旺枝处截枝，留背上枝促发徒长枝，重新形成树冠。这样修剪常会引起大枝截枝部位附近发出许多旺枝，翌年应根据周围空间情况对这些新长旺枝进行疏除，短剪等处理，才能培养出良好的新树冠。老树更新还应结合施肥剪除老弱根，以促生新根。对于放任生长核桃树，每株只保留 8～10 个方位好，生长健旺的大枝，对生长过密，交叉重叠、并生的大枝宜逐年截除或回缩改造成大型结果枝组。对衰弱的结果枝组应进行回缩，抬高角度。枝组内的 1 年生枝，要疏弱留强，并疏去雄花枝，过密枝，病虫枝。晚实核桃树体大，疏果较为困难，可结合修剪疏剪过多的结果母枝，疏剪时多留直径 1cm 左右，长 10～20cm 的结果母枝，疏除直径 0.6cm 以下的结果母枝。

三、核桃嫁接新技术有哪些

过去，核桃发展多以实生苗为主，因此，老核桃园需通过高接换种来改良品种，以提高市场竞争力，新发展核桃应选用嫁接新品种苗木。核桃树体内含有单宁，容易氧化成褐色，故核桃嫁接成活率不高。目前，使用双舌接法和方块芽接法嫁接核桃，成活率大幅度提高，效果很好，值得大力推广。

（一）双舌接法

双舌接法嫁接成活率高，尤其适应于室内外嫁接难成活的品种。实生苗为 2 年以上，基部粗度为 1～1.5cm 的砧苗，有利于提高嫁接成活率。

1. 准备接穗

从优良品种母株上采集充实健壮、无损伤、无病史的 1 年生发育枝作接穗，接穗要求细而充实，髓心小，节间短，直径 1～1.5cm 为宜。将接穗剪成 12～15cm 长的枝段，每个接穗上端留 2 个饱满芽，并进行蜡封装入塑料袋中贮藏于菜窖或果窖中备用。采接穗时间为落叶后至萌芽前，但以萌芽前 20 天较好。

2. 嫁接方法

嫁接时间为核桃树萌芽后，嫁接时将实生苗砧木从地面20cm处剪去，将其用嫁接刀削成3~4cm的斜面，在斜面的顶部1/3处用嫁接刀垂直切一个2~3cm深的切口。再选粗细与砧木相近的接穗将下部削成3~4cm的斜面，在斜面顶部1/3处用嫁接刀垂直切一个2~3cm的深的切口，然后两个斜面上下相对，将上方斜面后半部插入对方切口，双方削面紧密镶嵌，如接穗粗度不太一样时，要保证一面的形成层吻合，然后用熟料布条绑紧。如接穗没有经过蜡封，应将接穗顶部蜡封（蜡液比例为蜂蜡：凡士林：猪油为6：1：1）。为防止伤流，嫁接时砧木基部螺旋式四周切三刀放水。

（二）方块芽接法

方块芽接法用于夏季实生苗生长期嫁接，此法嫁接成活率高，嫁接速度快，节省接穗，容易掌握。

1. 准备接穗

从优良品种的母株上采集充实健壮，无病虫的当年生发育枝条随剪随将叶片剪去，每20条捆成一捆，一般当天嫁接当天采接穗，如果异地嫁接要在接条内夹捆核桃叶片，装入湿麻袋内存放于地窖内，以保持接条水分，随用随取，但不超过2~3天存放接穗。

2. 实生砧木苗平茬

核桃苗嫁接时，以当年生枝最理想，2年生以上枝嫁接成活率低，因此应将当年准备嫁接的实生苗留1cm从地面平茬，以发新条，实生苗平茬后，容易长出多个枝条，应选留一个直立健壮的枝条，其余从基部疏去，使保留枝生长良好，以提高嫁接成活率，剪口要涂漆保护。

3. 嫁接时间

核桃所用的接芽为半木质化的芽，这样的接芽芽接成活率很高，所以核桃6月上中旬嫁接最适宜，如果时间太晚，当年苗体生长细弱不充实，质量差，难以越冬。

4. 嫁接方法

选用接穗枝条中部饱满的方块，从接穗上取下，在砧木距地面20cm处光滑平面按接芽大小先上下横切各一刀，切时要注意只切断韧皮部，否则容易折断。再在侧面竖切一刀将砧木接口皮扒起，将接芽嵌入接口，再将另一面略宽于接芽处0.2cm用手顺直将皮撕下，然后用地膜条绑紧，接好后再将砧苗于接芽上留两片叶剪掉。

5. 剪砧

核桃方块芽接10~20天接芽开始萌动，要在嫁接后10天接芽萌动时用曲别针或芽接刀尖将芽接上地膜挑开一个小口，口的大小与芽体相同，太大因风吹不利于接口愈合。但不挑芽膜的话，因芽体不透气，叶柄与芽体腐烂而大多不能成活。芽体顶出地膜时，要将上部两片叶子芽上0.5cm处剪掉。

6. 抹芽

核桃苗嫁接后，由于接芽正在愈合期，根部吸收的营养不能充分利用，而其砧木芽很容易吸收营养而萌发，并且生长较快，致使接芽缺失营养而不能愈合萌发，因此，在嫁接7天后到一个月以内，每隔7天进行一次抹芽，要连续3~4次，以防砧木芽的生长，保证接芽的正常成活与生长。

7. 绑支柱

嫁接成活苗长到30cm时，用粗度2cm以上，长度1m以上的竹竿或木棍插在苗的一旁，然后用塑料绳将木棍与树苗绑在一起，可避免刮大风劈断嫁接苗。

8. 施肥浇水

成活后及时浇水2~3次。接芽萌后及时浇水，半月后再浇1次，并每株追施尿素0.1kg，生长期间还要及时中耕除草，以保证嫁接苗正常生长。

9. 越冬保护

核桃落叶后，土壤封冻前要将树苗埋土以防冻苗。保护越冬方法如下。

①弯倒埋土。

②将化肥袋套到苗上再装满土保护树苗。

③先用草绳将树体全部缠起来，然后再缠一层塑料膜条，树两边搭风障。

④ 3 年后苗子大了不便埋土与缠绑，可喷果树保护膜剂保护树体。

第五章　果树旱作栽培与寒害防御技术

一、果园生物覆盖技术

生物覆盖是用秸秆、秧蔓、杂草、落叶、糠壳等覆盖地面，形成一定厚度的草被，以改善果园土壤的水、肥、气、热条件，使之更有利于果树的生长发育。果园覆草即生物覆盖是果树旱作栽培采取的一项重要措施。

大同地区降雨较少，雨量季节分布不均，常常发生春旱、伏旱，且土壤蒸发量大，供水供肥能力差，使果树的产量和效益受到限制。推广应用果园生物覆盖技术，可以有效地弥补上述自然条件的不足。

（一）生物覆盖（覆草）对土壤的作用

1. 保持水土

丘陵山区实行清耕的果园，雨季经常产生地面径流。尤其是降大雨时，水土流失严重，不仅冲毁地埂田块，还带走大量肥沃的表土和养分。覆草后，避免了雨水对地面的直接冲击，一般不会发生径流，增加了土壤蓄水量。晴天能防止烈日暴晒，减少地表蒸发。据测定，覆草地面的蒸发量比露地少 60% 左右。由于土壤水分收入多支出少，保持稳定状态，可有效地缓解干旱对果树的为害，促进果树的生长发育。

2. 稳定地温

清耕果园白天暴光直晒地面，地表温度急剧升高，夜间散热快，地温很快下降，夏季地表温度高达30℃以上，冬季则冻结。地温昼夜之间和季节之间的大幅度变化，不利于根系的生长活动。覆草后，草被可起到阻隔光、热的作用，使地温比较稳定，升降缓慢，变幅缩小。早春，草被下地温回升慢，果树发芽迟，可避免晚霜为害。晚秋地温下降慢，冬季结冰迟，冻土浅，延长了根系活动时间。

3. 促进土壤微生物活动

一方面草被的腐烂为微生物、生物提供了充足的食料；另一方面草被又改善了土壤的水、肥、气、热条件，因此，覆草后土壤中的蚯蚓、蚂蚁及各种微生物数量增加，新陈代谢活跃，其结果又增加了土壤的通透性，加速有机质的分解矿化，使土壤肥力呈良性循环。

4. 提高土壤肥力

草被的腐烂增加了土壤有机质，每666.7m^2覆干草1 000～1 500kg，相当于施入2 500～3 000kg优质有机肥。连续覆草3～4年，能使活土层加厚10cm左右，有机质含量增加1%左右。

5. 灭草免耕

草被隔热遮光，不利于杂草生长，可减少除草和中耕用工。此外，覆草后下层土壤水分上升慢，地面蒸发少，还可以防止盐分上升和积累。

6. 促进根系生长

覆草后土壤温湿度稳定，扩大根系分布范围，0～60cm土层内的总根量可比清耕园增加11.7%，重量大，吸收根多，死亡根少。根系活力强，吸收能力高。

7. 促进树体发育

根量的增加和吸收能力增强，保证了地上部的水分、养分供应，进而促进树体生长，表现出新梢粗而长，叶大，光合能力强，芽体充实饱满。

8. 提高产量和品质

覆草后果树树体健壮，开花坐果率高，产量高，品质好。

9. 减轻某些病虫害发生

调查资料表明，覆草后果园土壤环境改变，桃小食心虫出入土困难，发生程度大为降低。蝉、红蜘蛛、腐烂病等的为害程度也有所减轻。

（二）覆草技术

1. 覆草时间

一年四季都可进行，但初次覆草以5～6月地温稳定升高后为好。旱地果园没有灌水条件，最好在雨后覆草，否则旱季降雨少，又受草被阻隔，土壤水分少，效果较差。土层薄的果园，就在覆草前一年秋季深翻，施足基肥，或改为埋草，即在树盘外缘挖50～60cm深的沟，每株树埋草15～25kg，撒入0.5～1kg尿素。

2. 覆草种类

可用于覆盖果园的草种很多，各种农作物的秸秆如麦草、玉米秸、高粱秆、谷草、豆秸、薯蔓，各种树叶、灌木嫩枝叶，各种杂草、牧草、绿肥枝叶，各类谷物糠、壳等均可。锯末、刨花、酒糟、醋糟等，经过1年以上的堆沤发酵，也可用于果园覆盖。

3. 覆草方法

较短的秸秆草类可直接盖于地面，长的秸秆、秧蔓要先铡短，以便铺平压实。覆草范围可根据草量确定。草多的可全园覆盖，每666.7m^2用干草1 500～3 000kg，或鲜草4 000～5 000kg。草量不足时，可只盖树盘或行内。一个果园也可只盖一部分，余下部分下年再盖。无论是全园覆草或局部覆草，都要将草铺平压实，厚度达到15～20cm。局部厚覆比全园薄覆的效果好。

覆草前，应先施一次氮肥，平均每株用尿素0.5kg，以满足微生物活动的需要，否则，覆草后果树易出现氮素不足的症状。覆草后，要在草被上零星盖些土，防止草被风吹散或着火。主干四周要留 0.5m 的空隙，防止野兔啃树皮。

（三）覆草后的管理及注意事项

1. 管理

①土壤贫瘠、有机质含量低的果园，覆草后 2～3 年内仍应足量秋施基肥。施肥时将草被扒开，挖沟施肥后重新盖好。在草被大量腐烂、土壤肥力明显提高前，每年也要追施一定量的氮素化肥。

②经沉实和腐烂后，草被逐年变薄，每年每平方米应加盖 800～1 000kg 新草，保持草被厚度。

③早春寒冷，地温回升慢的地方，春季可将树盘内的草被扒开，待地温升高后再盖好，以促进根系生长。

④覆草后要经常检查防火，被风吹散的草要及时平整压实。

2. 注意事项

①土壤黏重过湿的果园不宜覆草，以避免土壤湿度过大，影响透气性和有效铁的含量，抑制果树生长。

②覆草后表层根大量增加，对增产、优质有重要作用。但覆草不能中断，并保持一定厚度，否则土壤温、湿度的急剧变化会导致吸收根大量死亡，严重时会影响树势及产量。

③覆草可能加重鼠害的发生，应注意防治。

二、果树节水栽培有哪些措施

在丘陵山区，充分利用沟、涧的小泉小水，推广应用果树节水栽培技术，以最少的灌水次数和灌水量，解决或缓和杏树、苹果树等果树需水与自然降水不足的矛盾，常能获得较高的产量和效益。现将各地行之有效的节水栽培办法介绍于下。

（一）穴贮肥水地膜覆盖技术

这种方法是在果树根系集中分布区域内，设置少量贮水穴，集中浇水施肥，辅之以地膜覆盖保墒，使部分根系处于良好的水肥环境中，以保证果树生长发育的需要。实践证明，这是一项简便易行、节水、节肥、增产效果显著的技术，已在不少旱地果区推广。

1. 方法

①准备草把。将作物秸秆或杂草铡成40cm左右的短节，绑成直径20～25cm粗的草把，放在10%尿液中浸泡一昼夜，使草把充分吸足水肥备用。

②挖贮水穴。果树发芽前，在树冠投影边缘向内0.5m处，均匀挖4～8个穴（视树冠大小而定），穴深45cm左右，直径30cm，以能竖放草把有余即可，贮水穴也可用高橙瓶（瓶口朝下，瓶底锯掉）代替。

③埋草把。将浸透尿液的草把垂直插入穴中，填土时，草把四周撒入100g过磷酸钙，草把顶上再施50～100g尿素、5～10kg农家肥，把肥料与土混匀填入穴中，浇水5～10kg。水充分下渗后，把穴整理成外高里低的盘状。

④盖地膜。在每个穴上盖1块塑料地膜，也可将整个树盘用地膜盖住，或几个穴连盖。无论哪种盖法，都要事前整理地面，铲除杂草、石块，喷1次除草剂。地膜要拉平展，与地面密接，边缘处用土压实。在贮水穴中心低洼处，用木棒将地膜扎穿1个小孔，平时盖瓦片或石块，减少蒸发跑墒。

2. 管理

①保护地膜完好。盖膜后至采收前，要保持穴上地膜清洁完整，随时清除膜上的泥土、树叶、杂草，使每次降水都能顺利从小孔中渗入土壤。

②施肥。落花后、花芽分化临界期和果实采收后，每穴施复合肥100g，将肥料溶入水中，取开石块灌入小孔内。

③灌水。盖膜后至新梢旺盛生长后期（5月下旬），每隔15天左右浇一次水，每次每穴3～5kg，顺穴内小孔灌入。遇降雨时可少浇或不浇。5月下旬至雨季前，间隔10天左右浇1次。施肥浇水后，仍将石块盖好。

④除草。膜外杂草要随时铲除，膜下杂草较多时，可用土压

盖，防止扎穿地膜。

⑤换膜和更换穴位。地膜每年更换一次，2～3年后草把完全腐烂，可将旧穴填平，另开新穴。

3. 穴贮肥水的优越性

穴贮肥水地膜覆盖是一项综合措施，集中了埋草、盖膜、施肥、灌水的效应，因此，作用十分显著。

①土壤升温早。苹果园、杏树园盖膜穴内5cm地温，5月平均比露地高4℃左右。在枣树园内，早春穴内地温比清耕地高2～3℃，根系提前进入生长高峰，枣树早发芽3～5天。

②土壤水分适宜。集中灌水和地膜的保墒作用，使穴内土壤含水量比清耕地高20%～30%，尤其是在果树新梢旺长期，能满足根系吸收。

③果树根系发育好。贮水穴可使1/4左右的根系长期处在水、肥、气、热稳定状态下，发育良好，吸收功能强，基本满足果树生长结果的需要。这对丘陵山区旱地果园是十分重要的。

④树体健壮，增产显著。穴贮肥水地膜覆盖为根系创造了适宜环境，使果树能正常生长。与旱地清耕果园比较，新梢生长量大（特别是春梢长而粗），一二类有效短枝比例高，叶片大而厚，光合能力强。据试验表明，穴贮肥水的苹果园，平均单株可增产17.3kg，每666.7m^2增产208kg；枣树单株增产7.2kg。果实个头、重量要也好于对照。

⑤节水节肥效果好。采用这项技术后，与水地果园相比，可节约灌溉用水60%～70%，节肥20%～30%。

（二）节水灌溉

大同地区果园灌溉绝大部分仍是大水漫灌，其弊病很多：一是水的浪费甚大，每666.7m^2用水量达70～80吨，遇天旱时则更多，而水的利用率只有40%～50%。按目前的农田灌溉用水价格计算，每666.7m^2多投资20～50元。二是破坏土壤结构，带走土壤中可溶性养分，造成肥力不均。三是易加速和扩大果树病害的传播侵染，如苹果树腐烂病、早期落叶病、颈腐病及葡萄霜霉病、白腐病等。下面介绍几种节水灌溉技术。

1. 沟灌

这种方法最为简单，不必增添设备和投资。办法是，在中密度以下的果园，树盘下开环形沟，深、宽各40cm左右，进园水渠开在行间，逐株引灌环形沟。密植果园可顺行间开2~3条水沟，引水灌满水沟即可。沟灌比大水漫灌节水30%左右。

2. 滴灌

滴灌是利用“滴灌系统”设备，把灌溉水或溶于水中的化肥溶液通过加压（或利用地形自然落差）、过滤由管道和滴头滴入土中，不断润湿根系分布区，以实现灌溉。滴灌系统的主要设备有蓄水池、加压设备、施肥设备、过滤器、各级水管和滴头等。丘陵山区在高处建蓄水池，利用自然落差，可省去加压水泵。果园应用滴灌技术有以下优点。

①可以适时适量供水，避免渗漏和地面蒸发损失，比地面灌溉节约用水量50%~70%。能调节土壤水分状况，使根系附近土壤湿度保持最佳状态。

②可以随灌水施用化肥，比地面撒施省工省力，又能提高肥效。

③可使用含盐量较高的水。滴灌时，盐分集中在湿润区边缘，根系附近盐分较低，对果树生长影响较小。

④灌水均匀。据测定，滴灌区水分均匀度可达90%以上，这是其他灌溉方法做不到的。

⑤特别适用于山区。一方面滴灌用水量少，有利于开发小泉小水；另一方面管道可随地形起伏爬坡过沟，解决了山区输水难的问题。

⑥果树增产增质。苹果滴灌比地面灌溉增产30%~50%，比不灌溉增产50%以上，而且有利于克服大小年。

⑦投资小，见效快。据调查，山区果园建滴灌比地面引水灌溉

的投资还少，当年即可收益，1～2 年可回收全部投资。

3. 渗灌

是类似滴灌的地下设施灌溉方法，用渗水管代替滴头。贮水池中的水，经管道、过滤网进入渗水管。渗水管埋在果树根系附近，水以渗透方式湿润根系分布区，通过阀门控制渗水量。这种方法可根据需要变动渗水孔的数量、大小和位置，控制水量，因而更为经济有效。

三、果树寒害的基本概念是什么

在气候寒冷的冬季或冷暖交替时期，由于寒潮或某种特殊天气引起急剧降温，树体全部或局部的温度在 0℃以下或接近 0℃某一时段或瞬间），以致组织受损伤，生长发育受阻碍甚至死亡，影响果树的产量、质量的现象，称为寒害。寒害包括冻害、雪害，越冬抽条，枝干日烧，窒息伤害 5 种，其中，危害最大的是冻害。

果树寒害是大同地区最重要的天气灾害，大同地域较广，冬季春季天气每年变化很大，几乎每年都有一些地区发生不同程度的寒害，给生产带来不同程度的损失。因此，必须采取有效的防御技术，以提高各类果树抗御寒害的能力。

四、果树防寒的技术方向

根据我国国情和发展“两高一优”农业的要求，在果树防寒技术上近期研究新的技术方向是：

第一，采用抗寒良种。不少区域生态条件不适宜种植优质苹果、梨、桃等良种，通过育种与选种工作，近年来逐步推广了一些新选育的优质抗寒良种，如苹果中的寒富、宁丰、寒光等。

第二，尽量采用低成本、节约劳力、高效益的防寒技术。近年来，我国农村劳动力市场价格越来越高，人们迫切要求选择节省劳力、高效益、低成本的防寒技术。例如，在苹果、梨防寒技术方面，虽然采用培月牙形防风埝的防寒技术效果很好，但是耗费劳力多，近年来在苹果抽条发生较频繁的西北地区多改用树体缠裹塑料条加草绳，可以大大节省劳力。

第三，尽量采用高新技术，高寒地区的“设施农业”开始较快发展。近年来，为了解决果品市场的周年供应问题，名、特、优的果品市场对鲜果需求量越来越大，鲜果价格越来越高，北方地区大量采用塑料大棚、地膜覆盖、日光温室等高新技术种植树体较矮小、生长期较短的桃、葡萄、草莓等树种，由于有助于解决销售淡季市场对鲜果的需求，设施果树在大同寒旱地区取得了较高的经济效益。

五、果树寒害的防御技术

（一）局地气候的应用

在生产实践中，应用局地气候和农田小气候是防御果树寒害的重要措施。

如水库气候的利用，水库是水体面积较小的水域，或可看作小的湖泊，水库附近种植果树在冬季有较好的防冻作用。还有河流气候的利用，大的江河是流动性大的水体或水域，在冬季有明显的增温和缓和气温骤变的作用。因此，江河流域发展果树对防御冻害会有明显的效果。

（二）加强田间管理，改进栽培技术

加强果树的田间管理，主要是通过改进栽培技术，控制营养生长和生殖生长，以提高树体的抗寒力，这是避免和减轻寒害最根本的技术措施。

1. 以增施磷钾肥为中心，提高越冬前树体营养水平

增施磷钾肥，提高树体营养水平，以增强树体的抗寒力是一项重要的防寒技术。从我国果园土壤的有机物和无机盐营养水平来

看，普遍存在着有机质缺乏和磷素营养严重亏缺的现象。

在生产实践中，经常采用夏季（7 月中前）追肥、叶面喷肥、秋季（9～11 月）施基肥的方式增加肥料的供应，特别磷钾肥的施用。北方落叶果树夏季花芽分化前（6 月底前）的追氮肥很重要，应占全年施肥量的 1/3 左右。7～8 月间合理施用磷、钾肥是北方果区常用的栽培技术，有利于促进枝叶的生长发育和提高树体越冬抗寒性。常用的肥料种类有多元复合肥、果树专用复合肥。叶面喷施磷、钾肥也得到普遍推广。例如，喷施过磷酸钙 3% 浸出液，或磷酸二氢钾 0.3%～0.5% 溶液，或稀思美等喷施次数 3～4 次。

磷酸二氢钾多用作喷肥用，喷施它对防御苹果幼树抽条效果明显。试验表明，9 月上中旬喷 1 次和 2 次磷酸二氢钾的，抽条率分别为 2% 和 0，而对照未喷树抽条率为 80%，而且喷施后枝条粗壮，停止生长早。

在葡萄夏秋管理中，对晚熟品种或枝蔓生长过旺未能及时成熟的，可通过喷施磷钾肥（磷酸二氢钾或过磷酸钙、草木灰浸出液、追肥精中磷钾精）或膨大着色剂来促进果实早熟及枝条木质化。

2. 合理修剪，采用生长抑制剂，抑制后期生长

①搞好夏秋修剪，控制后期生长：秋末适时适量的摘心处理和合理修剪（拉枝开角，捋枝、别枝等），以控制秋季后期生长，使当年新梢生长不过旺，长势中庸，枝条发育充实，增加越冬前的贮藏营养，是提高抗寒力的积极有效的措施。

苹果幼树通常采用秋季摘心处理，时间应掌握在 9 月 1 日前后（多雨年份应适当推迟）。以摘除当年秋梢顶端 3～5 片嫩叶为适度（用手指掐掉）。幼树生长过旺时，还应结合采用其他夏剪技术——拉枝开角、捋枝、别枝、疏枝（清膛修剪）等，以控制徒长枝、直立枝和过密枝生长。

②喷生长抑制剂，抑制秋季生长：常用的生长抑制剂有矮壮素或 PBO 等。据试验，3～5 年生金帅、4 年生寒富于 7 月下旬至 9 月上旬之间喷布矮壮素 3 次或 PBO 液 2 次，间隔 15 天左右，喷后

全部安全越冬。而对照树安全越冬率为80%。矮壮素的使用浓度为0.5%~1.5%，PBO为150倍液。

③提前修剪和人工落叶：北京等地有提前修剪的经验，把冬季修剪提前到刚进入休眠期的12月中下旬，由于疏除部分徒长枝、过密枝、嫩枝，可以减少冬末春初树体蒸腾量，对防御抽条有一定效果。

甘肃、山西、宁夏、青海等省区易发生抽条，还可采用人工辅助落叶的措施（一般在10月下旬至11月上旬进行），使树体提早进入休眠期，有利于越冬。

3. 及时防治秋季病虫害，保叶、保枝干

防治好病虫害，才能保证果树在越冬前有完好的枝叶生长量，以便贮备、积累足够的营养供越冬时消耗，适应冬季不良的外界环境条件。

例如，防治苹果、核桃、桃、李、杏幼树大青叶蝉（浮尘子）是防御越冬抽条的重要措施。具体方法是：

第一，幼树行间禁忌种秋白菜等十字花科蔬菜，尽量不间作谷子等易招引大青叶蝉的作物。

第二，可选用以下药剂于9月中旬至10月上旬喷布灭虫，如选用20%速灭杀丁3 000~4 000倍液，或80%敌敌畏1 000倍液，或50%辛硫磷1 000倍液或功夫2 000倍液喷雾。

（三）营造果园防风林带

以防风为主要目的的果园防护林带，对防御果树寒害有重要作用。我国春霜冻或秋霜冻中危害较重、出现较多的是平流霜冻和平流加辐射霜冻的复合型霜冻，这两种类型都与大风有密切关系。我国北方果产区营造防风林时，必须考虑防冻、防风、防旱三方面的作用。防风林的营造还要考虑地形、地势、海岸线走向、果园道路规划、环境绿化等诸方面的情况。

（四）砧木建园

我国易发生幼树冻害、抽条的偏北果区，即甘肃河西走廊、宁夏回族自治区、青海、内蒙古自治区西部、山西大同等地，生产上大面积推广先栽砧木后嫁接（坐地苗嫁接）的方法建立果园，此法称为砧木建园。此法，已成为一项重要的抗寒栽培技术。

具体做法是：先在规划好建园的地址上按适宜的密度挖定植穴，种植当地适宜的砧木（如抗寒力强的山定子类、山杏、贝达、杜梨等）。在砧木生长的头3年，按整形要求，选留主枝和适当的辅养枝，当砧龄3～4年时，于春季枝接或立秋后进行分枝高芽接。包括中心枝（主干）、主枝和辅养枝都作嫁接。中心枝的芽宜接在迎风面，主枝上的芽接在侧面、背面，也可用里芽外蹬法开张角度。辅养枝上选水平或下垂枝嫁接。在辅养枝上的嫁接点，以距主干10cm左右为宜。未接活的15～20天后再补接。芽接后，立冬前后在接芽上10cm处剪截。第二年萌芽前（大约4月上中旬）剪砧，6月上旬紧贴接芽处二次剪砧，剪口呈15°斜面，并涂上0.4%萘乙酸钠或0.2%萘乙酸羊酯，以促进愈合，同时，对辅养枝进行扭梢。在整个嫁接生长期间，要把砧木上的萌芽抹除3～4次。这种先栽砧木后嫁接的方法，起到了开源与节流的作用。因为砧木本身有抗旱、抗寒的作用，能在可能发生抽条的冬末早春尽量多地吸收贮存水分，起了开源的作用，而分枝高位芽的嫁接，由于接穗的抗性作用，能增强树体的持水力，并相对地减少水分的蒸发，起了节流的作用。这就是砧木建园能有效地防御冻旱（抽条），安全越冬的主要原理。

（五）高接栽培

果树高接栽培是我国北方寒冷地区（一般指大苹果经济栽培北界以北地区，大致是年均气温7℃以下，年极端最低气温＜－30℃地区），为防御寒害的一种特殊的栽培方法。主要特点是选用当地适应性强的砧木树种作基砧，嫁接抗寒力较强的品种作中间砧如拾寒矮化砧等，然后在中间砧的骨干枝及枝组上高接抗寒力较弱的优良品种，或在抗寒力强的基砧骨干枝和枝组上高接抗寒力较弱的良种。生产实践证明，采用这种栽培方法可使原来在寒地适应性差的一些良种能够适应寒地的气候条件，安全越冬。这样就扩大了抗寒力较弱的良种的适应范围，使某些良种的适宜栽培区界限向北推移了数百千米。因此，近10几年来，高接栽培在北方等地均有较快发展，对促进果树生产发展起了重要的作用。

（六）匍匐栽培

匍匐栽培是寒冷地区栽培苹果、桃等果树的特殊栽培法。这种栽培方法在我国吉林、黑龙江、辽宁北部、新疆北部和俄罗斯的西伯利亚、乌拉尔等地广泛采用。

1. 匍匐栽培的优越性与局限性

①提高树体抗寒能力，有利于安全越冬。寒地栽植苹果树、桃树冻害是最大的威胁，直立栽培经不起严寒考验，而采用匍匐栽培则优良栽培品种也能正常生长结果。

埋土防寒之后，土内的温度比气温高，而且土内温度升降变化幅度比较小；同时，土内的湿度可以保持正常。因此可以避免冻害。秋末冬初，在大幅度降温之前，用土将苹果树埋起来，土内温度缓慢下降，为苹果树创造一个进行抗寒锻炼的环境，通过锻炼，可以提高苹果树的抗寒力。因此，匍匐栽培可以把只能在温暖地区栽培的优良大苹果品种及桃引入寒冷地区栽植。

②增强树势，减少腐烂病害。苹果腐烂病是寒地果树的又一大威胁。采用匍匐栽培方式，埋土越冬，既可以防御冻害，又可以减轻腐烂病侵染，增强树势，延长结果年限。据东北农业大学周恩教授分析，匍匐栽培能有效控制腐烂病的发展，主要原因是破坏了病虫越冬的生态环境，使其不能生存。

③早果早丰，果品质量好。匍匐栽培把直立的果树压伏，使之倾斜甚至水平生长，这可以抑制顶端优势，减缓营养生长，这本身就是一项促进开花结果有效措施。采用匍匐栽培可比直立栽培提早2~3年结果。而且腋花芽比例增多，花芽总量增加。

匍匐栽培树干矮，主枝少，遮阴小，通风透光，又能充分利用近地面的温热资源，因此，果实品质和着色都很好，商品价值高。

匍匐栽培果园很少打药，有的根本不用打药，树体和果实依然不受损伤，故具有开发绿色食品的价值。

④果园管理操作方便。匍匐树树体较小，树冠矮，在整枝修剪、喷药防治病虫以及采收等方面，都比直立树省工方便。

⑤匍匐栽培仍有缺点尚待克服。匍匐栽培需埋土防寒与撤除防寒物，用工量较多且比较集中；树冠匍匐于地面，占地面积大，单位面积产量低；营养生长与生殖生长之间矛盾比较突出，必须及时调整。

2. 建园和栽树的特殊要求

（1）栽植方式与密度

匍匐树生长的特点是顶端优势显著削弱，基部第一、第二主枝生长势很强，随着树龄增加，树冠向两侧横向扩展。因此，匍匐栽培苹果园应采用行距大、株距小的长方形栽植方式为好。新疆维吾尔自治区北部实行行距6～7m，株距4～5m，每亩栽树19～28株。加大行距，还便于从行距取土埋压树冠，防止取土伤根或使根系受冻。大同地区匍匐栽培则提倡3m×5m的株行距。

（2）栽植方向与方法

栽植方向是指树冠的倾斜方向。选择方向应主要考虑光照和季候风吹来的方向。大同地区易遭受从北方或西北方吹来的冷风和大风为害，提倡树冠向南方倾斜，这样一可避风；二可使树膛内部得到充足的阳光，有利于生长发育，提高果品质量。匍匐栽培果园的栽培方法有以下两种。

①倾斜栽植：苗木定植时将树苗与地面呈45°，这种栽植方法的好处是有利于匍匐树整形修剪。缺点是匍匐树根系发育不平衡，常在树冠倾斜的一侧根较少，相对的一侧最少，而倾斜面的两侧根系最多。而且斜植的树冠很容易抬头向上，不易控制，防寒埋土也不方便。

②直立栽植：定植苗木时使苹果苗与地面垂直，与直立苹果园栽植方法相同。采用这种方法苹果树根系分布均匀，自由向四周发

展，有利于生长发育。待到中秋，将树干缓慢向一侧压弯，使之与地面形成45°夹角，用绳子拉紧固定，到秋末埋土防寒时，树干不再恢复直立状态，以后就会逐渐发展为匍匐形苹果树。

3. 匍匐树的整形和修剪

实行匍匐栽培，改变了果树自然生长发育的规律。因此，必须严格要求和正确控制，才能获得预定的树形，这是匍匐栽培中一项极为重要的技术措施。根据匍匐栽培苹果树的生长特点，新疆和黑龙江普遍推行的匍匐树形为：一干二主匍匐半圆形，简称三主枝匍匐形。实践证明，这种树形造型容易，而且能早结果、早丰产，及早获得经济效益。

（1）修剪

匍匐树因埋土防寒越冬，故修剪为秋剪、春剪和夏剪。秋季修剪在10月进行，剪去病枯枝及位置不当的枝条，应避免造成过多伤口而遭冻害。春季修剪在4月上旬至4月下旬进行，采用疏枝、短截、回缩、缓放等技术，对苹果树进行细致修剪。夏季修剪在6月中旬至7月中旬进行，采用抹芽、除萌、圈枝、环剥、刻伤、目伤、扭梢、摘叶等措施，合理分配树体各部分间的养分，以调解苹果树的生长发育与花芽分化。

（2）夏季扣压

夏季扣压是匍匐栽培苹果树整形修剪的重要环节。扣压不一定要剪去枝条，但能改变匍匐树干枝的位置、角度和生长方向，维持其主从关系，保持树势平衡，调节生长与结果的矛盾。因此，欲实行匍匐栽培就必须合理进行扣压。

匍匐栽培定植果树的当年不须进行扣压，第二年夏季将树干扣压至与地面呈45°左右的夹角。主枝与树干成60°～70°夹角，使之呈匍匐状态生长。以后每年6月中旬至7月下旬，结合夏季修剪进行一次扣压。直至树体成形为止。扣压时常采用疏、拉、撑、压相结合的方法。

如在扣压时发现有密挤枝、重叠枝，应适当疏除一部分，保留一部分，促使枝条均匀分布，生长健壮。

按照整形要求，将骨干枝拉到适宜的方向和位置。对夹角小的骨干枝，要防止拉时劈裂，可用草绳先将分叉处捆绑牢固，然后再缓慢将其拉至需要的方位。

压枝时应注意四轻四重。对大枝先轻压、后重压；对中央领导枝轻压，对主枝重压；对骨干枝轻压，对辅养枝重压；对弱枝轻压，对强枝重压。

对于位置不当、方向不正确、匍匐姿势过低、生长势弱的骨干枝，应注意支撑和扶持，抬高角度，固定位置，以利于生长。

4. 匍匐苹果树、桃树越冬管理

(1) 越冬前的准备

匍匐栽培实践证明，鼠害是匍匐树埋土防寒期间的一种毁灭性灾害，越冬前应设法预防。秋季对园内空闲地以及果园周围的农田进行秋翻，施撒鼠药毒杀，破坏鼠类赖以越冬的环境；用新鲜牛羊粪加石灰及石硫合剂涂抹树干、大枝。

为满足果树越冬和来年春季生长需要，应在越冬埋土前（9 月下旬至 10 月上旬）进行冬灌。黏土地宜早灌，沙土地可稍迟。冬灌要求灌匀、灌透，果园不积水。

(2) 埋土防寒

为匍匐树埋土防寒应在土壤结冻前进行，一般约在 10 月下旬至 11 月上旬。埋土应选晴朗天气进行，雨雪天容易使树冠积水、污泥黏附树皮，造成枝干霉烂。

埋土时，应根据树体大小进行分组进行。小树 2 人一组，大树 5 人一组。2 人用长棍先将树冠轻轻压伏；1 人把覆盖物（芦苇、秸秆或草袋片等）铺盖全树；其余 2 人从两边行间取土，先用土压住先端，抽出木棍，再继续埋压细碎土壤厚约 20cm，树干、主枝部分要稍厚一些。土表再用细土压平，不露覆盖物，不留缝隙，以免冷风和田鼠进入。

出土时，先在土堆两侧挖洞，使土堆内外空气流通，有利于苹果树逐渐适应外界环境条件。经数日后，再撤除全部覆土，但仍保留覆盖物，再过5天左右，撤掉覆盖物。

苹果树出土后，集中人力进行春剪。同时平整土地，修筑水渠，枝干涂白，适期进行春灌。

（七）保护地栽培

参阅第七章“果树设施栽培”。

（八）树体覆盖技术

1. 树体的包扎与覆盖技术

①枝干涂白技术：这是北方果区最普遍采用的一种防寒技术，具有取材容易、省工、省钱、方法简便等优点。由于树体喷涂石灰后石灰层薄膜覆盖着树体表面皮层，一方面减少了冬末早春间树体的蒸腾量，对防御抽条有较好的效果；另一方面，石灰薄层由于白色的反光和防辐射，可以降低体温，有推迟冬末春初数液流动时期，推迟树体花、叶芽萌动期的作用，对防御冬末春初的芽冻害和防御有一定效果。深冬和冬末春初期间，涂白还可以减少树体温度的日变化。

北方果区常用的涂白剂配制方法是石灰5kg（占25%）、食盐0.5kg（占2.5%）、水15L（占70%），再加“6501”黏着剂（也称展着剂）。

②其他涂干技术：枝干涂抹凡士林油加动物油脂。涂抹枝干后，油状薄膜有保温、减少树体蒸腾量的作用。凡士林是无机化工产品，混加油脂后形成的油脂状物质使上述作用更显著，持续时间更长。涂抹时间在落叶后、越冬初期。

③包扎树体枝干技术：在树体枝干上缠裹塑料条，既有直接的保温作用，又可减少树体蒸腾量。因此，对防御抽条、减轻冻害有明显的效果，已在西北、华北地区普遍推广应用。此法简便，可利用废旧塑料薄膜裁剪成长100cm、宽2~4cm的长条，越冬前将树体枝干严密包扎。草绳加膜条缠裹效果更佳。

2. 盖土、培土、埋土与根系覆盖技术

这是寒地果树最常用的、效果较显著的一种防寒方法。这种覆盖方式利用土壤热容量大、土温日变化气温小的原理，减少了冻结与融化交替现象所造成的寒害。由于盖土、埋土、根系覆盖技术方法很多，不同树种间差距较大，分几大类果树分别讲述。

（1）葡萄

当极端最低气温在 -25 ~ -30℃时，由于葡萄全树，利用秸秆加土层的保温作用，使葡萄枝蔓、根系保持在 -10℃以上，可免受寒害。我国葡萄覆盖种植区里有不少地区正是通过这种方法使葡萄免受冻害而成为我国优质葡萄的生产基地（如张家口地区的沙城、大同的阳高及南郊区）。在覆盖栽培区里，葡萄越冬前必须先把枝蔓用绳捆绑好，周围用秸秆类覆盖，在其上再覆盖土，覆土层厚度依各地冬季低温程度而定。

（2）仁果类、坚果类、核果类

苹果、梨、桃、核桃、枣等幼树在越冬寒害较严重的甘、宁、陕北、晋北、冀北等地历来有全树埋土防寒的习惯，特别是对新栽幼树，部分地区埋土时加用秸秆，一般可使根系保持在 -15℃以上而免受寒害，但由于比较费工、机械损伤较重和不适应新的整形修剪方式，近期已改用各种培土、树体包扎加覆盖技术。

①根颈部培土：根颈部是果树最易受寒害的部位，仁果、核果、坚果类的苹果、桃、樱桃、核桃等普遍采用根颈部培土技术。但要注意培土切勿培土过高（如苹果培土的高度在20cm 为宜）。

②根系的培土与覆盖技术：在苹果幼树树干北侧培月牙形土埂（也称防风土墙、防风埝），是防御幼树越冬抽条最有效的技术。

③秸秆覆盖：苹果、核桃树盘覆盖秸秆类，有一定的防寒、防抽条作用。翌年土壤解冻前后撤除覆盖物，等当地发生抽条期过后仍然将覆盖物盖好。

④地膜覆盖：此项技术在近几年已大量推广，特别是对新栽的幼树，除可提高地温外，兼有春季防旱保墒作用。

（九）灌水、喷水

1. 灌水

越冬前灌水已被列为大同地区一项重要的防寒技术措施。其主要作用是贮备较多的水分，以满足冬末春初根系生长和树液流动、进入生长时期的水分需要。另外，春初供给树体水分对于缓解寒害也有重要作用。因此，灌冻水对于我国北方果区冬春雨雪稀少的状况更有特殊重要的意义。通常于土壤冻结前（一般在 11 月）灌水，俗称“封冻水”。由于它对苹果、梨、核桃、杏、李、桃等易发生抽条的树种效果很好，北方果区普遍应用。

灌透封冻水也是葡萄越冬防寒的重要技术和常用的生产措施。一般于土壤封冻前，即葡萄越冬覆盖防寒以前进行。

此外，由于灌水具有调节地温、气温的作用，春季解冻水还可作为延缓开花期的一项技术而用于防寒。

2. 喷水

果园喷灌是防御寒害的又一项重要措施。喷灌一方面，增加了土壤湿度，增大了土壤热容量和导热率，使夜间土温降低缓慢；另一方面，喷灌后果园空气中水蒸气含量增加，当夜间降温时空气中水蒸气凝结在树体上，放出凝结潜热，抵消树体的热损失，从而缓和果树体温的降低。此外，喷灌的水温一般比气温、树体温度高，喷水后也可使苹果树体温度升高。

霜冻来临前果园连续喷水，由于降低了芽温（一般降 4 ~ 6℃），延迟了开花期。有喷灌设施的果园进行喷水最为便利，没有喷灌条件的果园，可采用通常喷药用的机械进行操作。据报道，喷水量以 3 ~ 5mm/h 效果较好。由于喷水具有延缓早春萌芽开花期的效果而被列为常用的防寒技术。

（十）搭风障

搭风障（夹风障）作为短期性的防寒技术与防风林带具有同样的效果，特别是对于苗圃期的幼苗防寒效果最好，它能有效地提高果园的地温、气温，减少地面蒸发、树体蒸腾作用，因此，对防御越冬抽条有显著效果。

搭风障技术的具体操作要点是：在地土壤冻结前半个月左右（北方果区一般为11月上中旬），用玉米秸（或秫秸）在每株果树主干北侧1m左右搭一道高1.5m左右、厚0.2m左右、宽2m左右的风障。本项技术只适用于秸秆来源丰富的地区。一般于早春萌芽期（北方果区4月上中旬）拆除小风障。

（十一）抑蒸保温剂和生长调节剂的应用

1. 抑蒸保温剂的应用

越冬期间在果树树体上喷布种化学试剂，由于试剂薄膜层的覆盖，可以减少树体蒸腾量，保持树体温度的相对稳定性，减少树体温度的骤变，以达到防御寒害的目的。这种抑蒸保温剂又称保水剂或保湿剂。

在生产上常用的有羧甲基纤维素、京防1号、高脂膜、长风3号、蜡乳液等。

2. 生长调节剂的应用

喷乙烯利、比久、萘乙酸钾盐或PBO等生长调节剂，都有一定延缓果树开花期的作用，对于避免杏、李树花期冻害有明显效果。

（十二）熏烟防霜害

熏烟是生产上经常使用的一种防寒、防冻（特别是春霜冻）技术。由于它取材方便，方法简易，增温效果明显，已被果产区普遍推广，以杏树为主栽树种的大同地区有很大的实用性和较高的经济效益。

烟雾剂配制方法为：硝酸铵20%、锯末70%、废柴油10%；或柴油30%，锯末50%，煤面20%。霜冻来临前把上述原料按比例配合，放入铁筒或纸筒内，根据风向选择适宜地点，霜冻前点燃。据观察，可提高温度1.5℃左右。近年来，河北省推广电子烟雾自动点火器防霜效果很好，宜大力推广。

第六章　寒地果树育苗技术

一、果树圃地选择与砧木种子处理

发展果树生产必须有优良的苗木，良好的苗圃则是培育抗寒优质苗木的前提。大同地区寒冷干旱，苗圃地要选择有灌水条件，地势平坦，土质肥沃的沙壤土，山区苗圃要选背风向阳的沟湾地，地面大不平要小平。沙土地漏水漏肥，幼苗出土后易日灼；黏重土质，土壤板结，苗木出土困难，根系发育不好；低洼下湿地。盐碱地，苗木难以或不能生长，故这些地均不宜作为苗圃地。

选苗圃地后，要进行合理整地和施肥，以进一步改良土壤理化性状，提高土壤肥力，满足苗木对各种养分的需要。秋季要深翻6~8cm，春季要细耙磨平，以便做床。结合秋耕或春耙，施入农家肥5 000kg及化肥适量。

畦面大小随育苗种类不同而异，如山定子，育苗要做小畦，长3m，宽0.7m；如种杏、核，则畦面可适当增大。另外，在地面不平的情况下也要做小畦。

北方果树的种子，秋季果实成熟后，种子并不能发芽，只有经过冬季低温，加上湿润的条件，完成所谓的后熟过程，翌春才会发芽，这是生物长期进化过程中自然选择形成的特性。砧木种子秋播，可在自然界完成这种后熟，但春播种子则要经过层积处理，才能通过后熟阶段，并保证发芽整齐。

种子层积处理，一般采用砂藏法。层积处理前，先要清除杂质和瘪粒的种子，然后向放在容器内的种子倒入两开对一凉的水，随倒随搅拌，使种子受热均匀。待水凉后，再换清水将种子浸泡一昼夜，使其充分吸水。滤去表面的杂质后再捞出种子，同5倍于种子量的湿米沙混匀备藏。种子较多时，可选地势较高，排水良好，背风阴凉的地方，挖深宽各66.7cm左右的沟或坑，长随种子多少而定。沟底铺砂6.7cm，然后堆放混沙种子，堆到离地面6.3cm左右，再复湿沙出地面。沟内要防止进水，温度保持在0～5℃。如种子量少时，可将混沙种子放入容器内，选背阴处置容器，在容器四周放一些冰块更好。随气温升高，要勤检查、翻动，如种子干可洒些水，使其保持湿润。山定籽、杜梨等有30%的种子芽尖露白，杏核有10%的咀裂开时即可播种。

不同果树砧木种子所需的层积天数是不同的，山定籽需45～60天，杜梨需50～60天，山杏需80～100天。据此，可确定种子层积处理的开始时间。

二、怎样进行砧木种子播种

果树砧木种子的播种分秋播和春播两个时期。秋播最好在8～9月，最迟地冻前播完，春播在土壤解冻后进行。大同地区冬季寒冷，春季干旱风大，除种粒较大的杏核、山核桃宜秋播外，其他砧木一般都以春播为好。

播种方法分撒播、条播和点播3种。

撒播多用于小粒种子，如山定籽、杜梨籽等，杏和山桃可条播或点播。山定籽、杜梨一般采用“起堰土”的方式播种，其方法是：整好畦后，先起堰土即将畦内表土多量刮起在畦埂上，然后耧平畦底，浇水，待水渗后，开始根据播量均匀撒播种子，之后再用刮板将所起堰土复在畦上。复土厚度约3cm，覆土后稍耧一下整平进行踩畦，使种子与土壤密接。播后10～15天，大量种子发芽生长，个别苗出土，这时即可把起保护作用的多复的堰土刮起，刮的办法就是在耙子上缚一道草绳用以畦内耧土。起堰土最好是在无风的晴天上午进行。

条播是先在畦内开沟，后撒种籽，再覆土，搂平踩畦。点播也是先开沟，再点种子，也可用铁锹挖穴点种籽、再覆土。杏点播一般用宽窄垄为好，宽垄 50cm，窄垄 30cm，株距 10cm，这样便于嫁接。

播种量一般情况下，山定籽每亩 2.5～3kg，杜梨籽 5kg 左右，山杏、山桃 15～25kg。

三、砧木苗管理技术

播种后未出苗前，绝不可浇水，这是很重要的一点，以免表土板结，降低地温，影响出苗。如土壤过于干燥影响苗顶土，可用喷壶喷水增墒。幼苗出土后，长到 2～3 片真叶时，要预防苗木发生立枯病，需喷打倍量式波尔多液 200 倍液，每 7 天一次，连喷三次。如苗过稠要间苗，以每平方尺留苗 30～40 株为宜，幼苗生长前期，浇水不宜过多，以免降低地温影响生长，干旱时要及时轻浇。到 5 月下旬当苗木长到 5～6 片叶时，结合浇水进行第一次追肥，每亩追尿素 5kg 左右，6 月中旬第二次追肥，每亩尿素 7.5kg，7 月初追第三次肥，每亩复合肥 20 斤，到 8 月份停止对苗木追肥浇水，以免造成苗木徒长，影响越冬。在 7 月中旬、8 月上旬对苗木分别喷打一次 3%～10% 草木灰浸出液或 0.3% 的磷酸二氢钾，有利苗木充实生长，提高抗寒能力。每次浇水或下雨后都要及时进行松土锄草，经常保持苗圃内土壤疏松无杂草，发现有病虫为害苗木，要及时进行防治。

大同地区的山定子、杜梨等砧木苗，播种当年难以长到能嫁接的粗度，一般均采用当年播种，培育较多砧木苗，第二年移栽砧苗培育而后嫁接的方式，这样可有效地利用育苗地。为防止幼苗越冬受冻害及人畜践踏，并便于第二年移栽，当年播种苗都要在地冻前起苗贮藏越冬。在起苗前2～3天要求饱浇一水，以利起苗，所起苗木应尽量多带根，随起苗随把苗木按高低、粗细分开，每200株成一捆，挂上标签，注明树种。贮苗时，予先在地势较高、背风向阳的地方挖贮藏沟，沟深66.7cm，宽66.7cm，长依苗量而定。放苗时，根部向下竖立，排列于沟内，然后用细沙覆到苗根茎部以上，再灌1次水，使沙子与苗密接。另外，每隔1m竖一通气草把，以免砧苗贮藏期间发热发霉。到土地封冻前，把整个砧木苗用土复严，并培土高出地面成鱼背形，以防积水。

杏及山桃当年播种苗不必起苗越冬，但要做好保护工作，方法是苗基部培土，并对整个苗木进行喷白处理，这既可防寒、防日烧，又可防畜禽啃害。喷白配方是：生石灰加适量腥荤水，再加少量杀虫剂及皮胶，配成白色稀糊状，滤掉杂质，再加些清水搅匀后即可喷白。

四、大同地区果树嫁接实用技术

（一）嫁接时期

由于地区和小气候的不同，各地果树嫁接时期各异。一般春天多采用枝接，约在3月中旬至5月上旬进行。春季也可用芽接，因砧木此时容易离皮，嫁接快速、成活率高、生长也快，而且节省接穗。春季芽接的适宜时间是从芽子膨大到展叶前，一般20天左右。

夏秋多采用芽接，时间从6月下旬至9月上旬。具体时间应根据砧木基部的粗细、接芽发育的情况、工作量来决定。但应注意：在高温季节，芽接后若遇阴雨天气，接口处易发生流胶而愈合不好，成活率大大降低，因此，芽接应避开雨季进行。

（二）枝接

采用枝条嫁接的方法叫枝接。根据嫁接形式的不同，把枝接分为劈接、切接、腹接、插皮接等。

1. 劈接

干径达 2～3cm 以上的较粗砧木在不离皮的情况下，可采用此法。

①嫁接时间：从春季萌芽期至盛花期均可。

②砧木处理：将砧木在距离地面 10cm 左右处剪断，断面宜平，然后沿断面中央纵切约 4～5cm 长的切口，再用一竹削的楔子插入劈口中央，将砧木撑开。

③削接穗：将接穗剪成带 3～4 个芽的小段，在基部 3～5cm 处削成对称的两个斜面，呈内薄外厚、上宽下窄的楔形，削面要平整光滑，且与砧木的夹角一致。

④穗、砧结合：接穗削好后，随即将接穗插入砧木切口内。要注意使接穗厚边向外，两者形成层对准，砧木上部留 0.3～0.5cm 的白茬，称为露白。露白的作用是使其形成愈伤组织。

⑤绑扎埋土：接好后立即将楔子拔出，用塑料条捆扎紧，再用湿土把接穗埋严，以保持湿度。如果砧木较粗，可以接两个接穗。若高接时，在绑扎后可套上塑料袋加土保湿（图 1－6－1）。

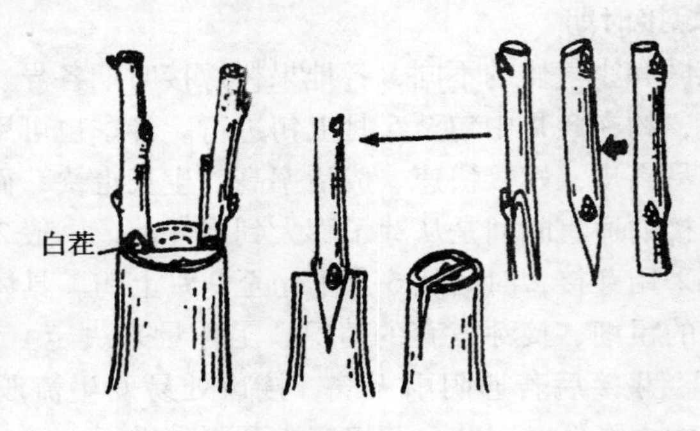

图 1－6－1　劈接

2. 切接

与劈接法相似，只是砧木上的接口切位不在当中，而是在靠近外边约 1/3 处。该法操作简单、成活率高，适于径粗 1cm 左右的砧木。

①嫁接时间：早春萌芽前，只要接穗不萌发，时间还可再延长。

②削接穗：接穗带 3 ~5 个芽。先在接穗下端削成 3cm 左右长的大削面，再在削面的背面削成长 0.6cm 左右的短削面。

③砧木处理：在距地面 10cm 左右处剪断砧木，削平剪截面，然后在剪截面靠近边缘约 1/3 处垂直向下切，其长宽与接穗的大削面相近。

④插穗绑扎：将削好的接穗插入切口内，对准形成层，再把砧木的皮包于接穗的外边，用塑料条将伤口缠紧、封严（图 1 -6 -2）。

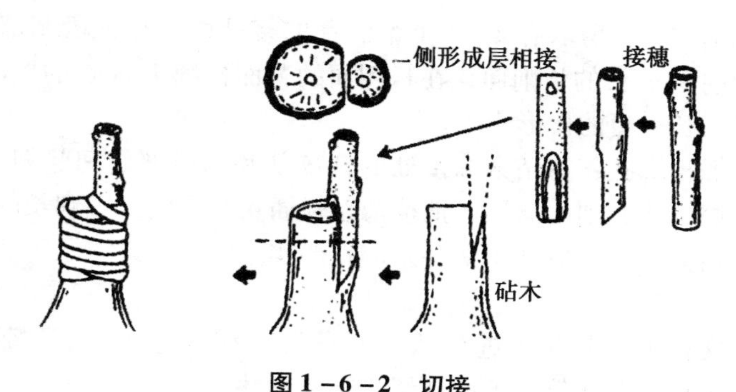

图 1 -6 -2　切接

3. 腹接

指在砧木枝干的一侧插入接穗的嫁接方式。这种方法，砧木同接穗接触面大，好成活。根据情况，接穗可用多芽、双芽、单芽。适于砧木粗在 1 ~2cm 时采用。

①嫁接时间：春季解冻后至离皮前进行。

②砧木处理：在砧木的侧面向下斜剪或切一个 1.5 ~2.0cm 的刀口，深入木质部。

③削接穗：将接穗剪成含 3 ~5 个饱满芽的枝段，在基部留芽的对面削 1.5 ~2cm 长的大斜面，在大斜面的背面再削长 1 ~1.5cm

的小斜面，削面一长一短，呈契形。

④插穗绑扎：将削好的接穗插入砧木切口内，使接穗的大斜面靠向砧木切口里边、小斜面靠向砧木切口外面，将接口绑严扎紧，并剪砧。

4. 插皮接

适于砧木较粗时采用。多用于高接换头及砧木粗在2cm以上的山杏、苹果幼树改接。

①嫁接时间：以花芽萌动露红至落花这段时间最好，过早砧木不易起皮。

②砧木处理：在砧木上距地面8～12cm的皮层光滑处剪断，削平剪口。

③削接穗：剪取有2～3个饱满芽的接穗段，在穗段基部留芽的对面削3cm长的长削面，在长削面的背面再削1cm长的短削面。削面呈一长一短的楔形。

④插穗绑扎：在砧木嫁接处的韧皮部和木质部之间竖划一刀，撬开皮层，将长削面向里，把接穗轻轻插入皮层内，直到长削面上端稍露白为止。然后外用塑料条绑扎严实。

（三）芽接

从接穗上削取芽体进行嫁接叫芽接。芽接分为“T”字形芽接、带木质部芽接等。下面介绍T形芽接法：

①嫁接时间：从6～9月均可进行。应避开阴雨天，以免流胶，影响成活。

②削取芽片：在芽的上方0.5～1cm处横切一刀，深达木质部，然后在芽的下方约1cm处自下而上斜削一刀，与前一刀相关，取下芽片。一般芽片长约2cm，呈盾形，接芽在芽片上居中或略偏上。

③砧木处理：在砧木上距地面5～10cm的范围内，选光滑无伤痕的部位，用芽接刀切一“T”字形切口，然后用刀略将“T”字形切口的上方撬开，以便插入芽片。

④插芽片与包扎：将芽片的尖端朝下，插入“T”字形切口之内，使芽片的上端与“T”字形切口的横切口对齐，再用砧木切口上撬开的皮层夹住芽片。最后用塑料条从上向下捆缚，露出叶柄及芽（图1-6-3）。

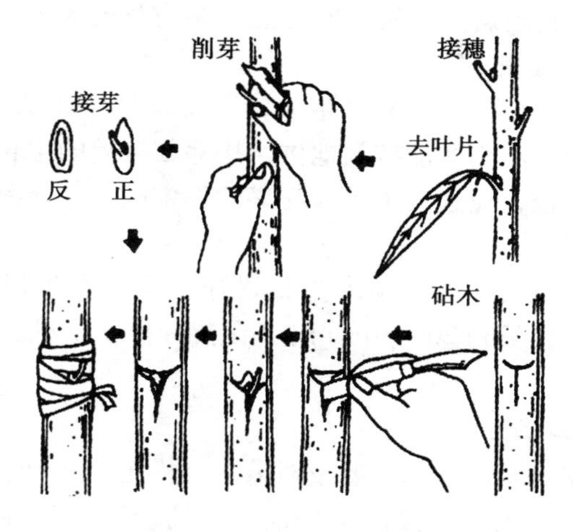

图1-6-3　T字形芽接

（四）嫁接苗的管理

1. 培土防寒

杏比较耐寒，但在特别寒旱地区的冬季，为了防止冻芽，应防寒。方法是：在大寒之前灌封冻水1次，水渗后培土，培土高出接芽10cm以上，并培严实，不留空隙；待春季化冻后再扒开防寒土。

2. 剪砧

春季芽接成活后，随即剪去接芽以上的砧木。夏秋季芽接的半成品苗，在翌年春季萌芽前剪砧，以利接芽萌发和生长。剪口应在接芽上部1cm左右处。剪口桩不可留得过长，否则会使苗干弯曲；留得太短，容易伤害接芽伤口，特别是在春天干旱多风的地区，要适当留长些。

3. 解除捆绑物

春季采用枝接和芽接方法嫁接的，经检查成活后，要及时解除捆绑的塑料条，以免使加粗生长受到影响塑料条陷入皮层。夏秋季芽接成活的苗木，当年不需急于解绑，可以利用其保护过冬，待第二年春萌发后再行解除。解绑时注意不要伤及苗木。

4. 抹芽、除萌

嫁接成活后，砧木容易发生分蘖，要及时抹除砧木上的萌芽，使根系输送的营养物质能有效地供给接芽或接穗的生长。对接穗或接芽产生的分枝，应选其中粗壮旺盛的作主枝，疏除侧枝。

5. 设支柱

春季北方风大，嫁接苗木生长迅速，容易发生风折。为防风折，可于新梢生长到 20 ~ 30cm 时，在苗旁插立支柱，并将新梢绑在支柱上。

6. 土肥水管理

春季干旱，雨水缺乏，要及时灌水、松土、除草。夏秋季雨水集中，要注意排水。嫁接苗生长期，可结合灌水每 $667m^2$ 追肥氮肥 10kg 或叶面喷施尿素。在生长后期，要减少氮肥施用量，可根外追施磷酸二氢钾，促进枝干木质化，使组织充实。

7. 病虫害防治

春季萌发的嫩枝、嫩叶，容易遭受金龟子、象鼻虫和卷叶虫等为害，均应及早防治。

8. 圃地定干

嫁接苗生长至 8 月下旬至 9 月上旬时，在距地面 60 ~ 70cm 处定干。苗圃定干，可使苗木剪口在水肥条件较好的苗圃地内愈合，从而避免了在大田栽植后春季定干时，剪口部位易被风抽干，影响栽植成活率。

（五）怎样培育葡萄扦插苗

1. 插条采集与保管

冬季修剪葡萄时，从剪下的枝条中，选择生长充实，芽眼饱满，无病虫害和机械伤的一年生枝条剪去基部和梢部，每条剪成6~7个芽眼为宜，再用5°石硫合剂喷洒消毒1次，每100条捆成一捆，拴上品种标签，进行贮存。

储存有两种方法：一是挖沟贮存在高燥、避风，湿度变化小的地方。挖沟深宽各为1m，长度随条子多少而定。先在沟底铺一层湿沙，厚13~16cm，将已捆好的插条立放入沟内，各捆之间不要太挤，以便随放条随在捆间填湿沙，直至条满沙齐地面为止。最后再盖上一层沙土，厚约16cm左右，高出地面。如贮存数量多，应在盖沙封土的同时，每隔2m直插玉米或高粱杆一小捆，下半截插在沙里，上半截露出沟外，这样利于沟内通气。二是窑藏。利用山药窑、果窑等，在窑内先铺湿沙一层，厚13~16cm，随即在上面散放葡萄条一层，上面再盖湿沙3cm，这样一层一层条堆起来，最外面再封沙一层。

2. 插条的整理和剪截

取出贮存后的葡萄条，把有坏芽的、干缩霉烂的条子去掉，好条2~3芽剪成一段，上端在芽眼上方1.5cm处剪平，下端在芽眼下方剪成斜面，以利发根并防止倒插。剪好的插条要浸水1~2昼夜。

3. 抽条催根

葡萄条在15℃即发芽，但在20~25℃时会生根，如方法不当常常芽先萌而根却未发，因水分养分供给不上而造成新萌发芽枯死。插前催根是解决这一矛盾的有效途径，可使插条先生根后发芽或使发芽生根同时进行。催根的基本原理是给插条下端创造一个较高的适宜发根的温度环境条件，以促生根，而设法抑制其上端芽的萌发。催根的方法很多，如地热线催根，火坑催根等等。这里只介绍简便易行的“阳畦倒插催根法”。

选背风向阳，排水方便的地方挖一温床，宽1.5m左右，深50cm左右，长依条量而定。在阳畦底部铺3~5cm湿沙，然后将插条每20~30根成捆，生根端捆齐向上放入畦内，排列码好，随后用湿沙填充。上部再用湿沙覆盖 2~3cm，还可在其上再覆 0.5~1cm 湿锯末或马粪面。最后在畦面上部支复塑料小弓棚，四周用土压严。要注意勤检查温度、湿度及生根部位愈伤组织的产生和发根情况。温度低时夜间需加覆盖，温度太高时要通风降温。经 20 天左右，插条生根部产生愈伤组织（即长出白根尖）时即可扦插。

4. 扦插

栽前施足底肥，整好地、作垄，充分浇水，复好地膜以待扦插。早整地早覆膜有利提高地温，增加出苗率，扦插一般在 4 月底 5 月初进行，一般亩扦插 8 000~10 000株。插时，插条稍斜插入垄上，使上部第一芽与垄面平为宜，要注意应先把膜捅开后插条，以防直接插条将地膜附在条下端一小块入地而复住了截面，使得插条难以吸水而干死。插条扦插后，在顶芽周围应复土将开裂的地膜压住，以免风刮裂地膜及膜下热气由此逸出烧死顶芽。插毕及时充分浇水。

5. 扦插苗的管理

苗木长到 7~8 片叶时，用 0.3%~0.5% 的尿素或磷酸二氢钾根外追肥 3~4 次。干旱时要浇水，要适时除萌、摘心和防治霜霉病，促进新梢发育充实，提高苗木等级。落叶后冬剪留基部芽 3~5 节，之后起苗分级贮存。大同地区保护地栽培葡萄，多选扦插苗。

（六）葡萄绿枝嫁接育苗技术

大同属寒旱地区，葡萄栽培选择嫁接苗木，是发展葡萄产业的重要方向。葡萄绿枝嫁接技术要点如下。

1. 砧木的选择及要求

嫁接前，应根据嫁接目的对砧木进行必要选择。应选择抗逆性较强、亲和力较高，并适应本地区自然条件的野生葡萄如贝达、山葡萄、SO_4 等品种作砧木。头一年定植的坐地苗或多年生大树高接换头，嫁接效果会更好，砧木苗在嫁接的前 1~2 天要充分灌水，保持土壤湿度，以减少嫁接后因接口及接穗失水过多而影响成活率。

2. 接穗的选择及采集

嫁接前应根据本地区的自然条件及长远发展规划，选用适宜的优良品种植株作采集接穗的母本树。

采集接穗时，应选生长充实，芽眼饱满，无病虫害的当年生新梢，新梢以半木质化为宜。采下的接穗要立即除去叶片，保留叶柄，摘去嫩梢部分，然后将接穗下端浸入盛有清水的小桶内随用随取。当日接不完的接穗应放在阴凉避风处，防止接穗受热干燥。

3. 嫁接用具的准备

①刀。一般可用芽接刀或用单面刮脸刀片，刀刃要锋利。

②绑缚条。利用干净的农用塑料薄膜（有韧性的膜最好），裁剪成宽1.0～1.5cm，长30cm左右的长条。

③水桶。用白铁皮或塑料小桶，存放嫁接用的接穗。

4. 嫁接的时期

由于各地区的物候期不一致，植株生长季节不同，故嫁接时期不能一概而论，砧木与接穗的新梢已半木质化这一特征是选定最佳嫁接时期的主要依据。实践证明，在砧木与接穗的新梢达到半木质程度的条件下，绿枝嫁接的时期越早越好，这样就可以保证接穗抽生的新梢有足够的生长天数，从而使接穗枝条及芽眼在早霜来临之前达到充分成熟，以利安全越冬。

5. 嫁接方法

通常采用劈接法，选择芽眼饱满、枝条充实的半木质化接穗（砧木与接穗的直径应相适应），用刀在芽下部两侧削成2～3cm长的对称楔形斜面，削面要尽量平，不应重刀，倾斜角度要匀称，然后将削好的接芽剪下，再插入劈好切口的砧木中。应注意砧木的切口长度要与接穗削面长度大致相同，使接穗削面长度与砧木切口深度相吻合，并将砧木与接穗的形成层对齐。砧木、接穗直径不一致时，应尽可能使接穗有芽的一面形成层与砧木切口的形成层对齐，然后用塑料薄膜条将接口及接穗上部的截面处绑严，以防水分散失。接后要及时除掉砧木上的萌蘖萌芽副梢。新梢长到 40cm 高时，要立棍绑缚，处暑时要摘心，可促进苗木木质化，提高苗木出圃等级。

第七章　果树设施栽培

果树设施栽培即保护地栽培，为果树创造了特殊的小区环境，这些有别于露地的人为化的环境条件对果树的生长发育发生了全面影响，设施栽培果树既可以实现果品提早成熟，也可以达到果实延后成熟的目的。随着现代农业示范区的迅速发展，大同地区设施油桃、草莓、杏、李、葡萄、枣、樱桃、蓝莓等果树的栽培面积逐年扩大。设施果树配套限根栽培、盆栽果树、冷库保存盆栽树等，可实现鲜果的周年供应，即1月草莓上市，2月鲜杏、鲜桃上市，实现果品彻底的反季节生产。不久的将来，设施果树产业，必将成为大同地区农民增收和现代农业增效的一项重要产业之一。

一、葡萄设施栽培技术

（一）适栽品种、架式及整形

根据大同多年的生产经验来看，保护地设施栽培的品种主要应选早熟品种为好，如先科1号、美国早红提、翠宝、早黑宝、红巴拉多、夏黑、瑞都脆霞、早美丽等。如果计划延后栽培，则应选晚熟品种，如超红、红地球、瑞必尔、摩尔多瓦等高档品种。

设施内葡萄由于不需埋土防寒，其整形方式也可不受任何限制，为了便于管理，有利通风透光，一般采用如下架式及树形：

1. 单臂双层水平形整枝

简称“F1”树形。栽植当年，利用主梢和一个较壮的副梢培养成两层水平的结果母枝向一侧延伸。冬季剪留长度由株距而定，下一生长季每层的结果新梢直立引绑，上层新梢生长高度可控制在1.8m以内。果实采收后进行整枝更新，如此连年进行。此法，可有效抑制新梢徒长，改善光照条件，促进成花，提高果实品质，保证丰产稳产。

2. 单臂水平整枝

按行距2m，株距0.5~1m定植，定植当年每株选留1个长1.5~1.6m的新梢。冬季修剪后，将新梢从南向北引缚于第一道铅丝上，呈水平状（留0.5~0.6m的主干）。第二年在水平蔓上每隔20cm左右留1壮芽形成结果枝结果，即每株留5个结果枝结果，并使之均匀分布于架面上。密株栽培的，可隔株一东一西上架。第二年冬剪时，留每个结果枝基部2芽短截，保留5个短结果母枝，树形即告形成。

3. 直立式整枝

按行距2m，株距1m定植，定植当年每株选留1个长1.6~1.7m的新梢。冬剪后，将新梢直立引缚于篱架上，第二年新梢萌发后，在第一道铅丝以上每隔30cm左右留1个结果枝结果。第二年冬剪时，每个结果枝基部留2~4芽剪截成结果母枝下年结果。

4. 小扇形整枝

按行距2m，株距1m定植，定植当年每株留2个长1.3~1.5m的新梢培养成主蔓，冬季修剪后，将这两个新梢分别呈45°角引缚在篱架上，呈“V”字形，新梢之间的距离为50cm。第二年新梢萌发后，均在第一道铅丝以上每隔30cm左右留1个结果枝结果，即每个蔓上留3~4个结果枝结果。第二年冬剪时，在每个结果枝基部留2~4个芽剪截成结果母枝下年结果。

（二）设施葡萄栽培的关键技术

1. 扣棚时间的确定

以第二年五月末六月初上市为目标进行管理的，在大同一般可在11月中下旬扣棚。葡萄在漫长的生物进化过程中，已经形成抵抗寒冷的有效方法——冬季休眠，未经过自然休眠或休眠时间较短的植株，即使给予适当的温、湿度，往往迟迟不发芽，或者发芽不整齐，卷须多，花量少，丰产得不到保证。

如果还要提前使浆果成熟上市，可于落叶后尝试进行前期扣棚，此时扣棚不是为了升温，而是以降温为目的，可于白天盖草帘，遮光、夜间放风相结合，人工调节降温，增加低温时间，使落叶后的葡萄最低有50天以上的时间处于7.2℃以下的低温期，通过自然休眠。

休眠期后，开始逐渐转为揭帘升温阶段，升温时应缓慢升温，白天、夜间均盖帘，约7天后，使棚内温度由自然条件下的零度以下逐渐回升到12～13℃，待棚内土壤完全解冻后，开始白天揭帘升温；15～20天，芽萌动；60～65天后开始进入花期，花期12～15天；开花期到成熟期100天左右。从芽萌动到采收约需150～155天。

2. 温、湿、肥、水、气综合管理技术

（1）温度管理

保护地葡萄栽培的成败，温度的控制管理是重要环节。葡萄在长期自然进化中，根据季节的变化，发生特定的物候期。因此，要求保护地设施中必须想方设法满足其已形成固定习性，便于其顺利完成萌芽、开花、浆果膨大和成熟的各阶段温度要求。据试验观察，棚内温度达到12～13℃根系开始生长，以21～24℃时生长最快，新梢在10℃时开始进入生长期。因此，温室中葡萄生产管理要求，初期升温后，有5～7天的全盖帘时期，待地面完全解冻后，葡萄植株经过自然预备阶段适应后，开始揭帘升温。升温按生长阶段的不同，大致分为以下3个阶段进行管理。

花前期这个时期，棚内3天温度可以迅速提高到23～25℃，应适当小放顶风，温度过高往往造成生长发育不整齐，放风降温的同时，能及时补充二氧化碳，此期夜间一定要注意保温，使夜间温度维持在7～8℃。

花期开花授粉和花芽分化对温度的要求极为敏感，白天要尽量增加日照，升温，保持15～28℃，超过30℃时，必须及时放风、降温、换气。夜间注意做好保温，使棚内温度维持在14℃以上。以利于授粉受精提高坐果率。

浆果膨大至成熟期，此时已进入3月份，自然温度开始回升，棚内、外温差逐渐缩小，温室内的温度上升较快，在控制管理上也比较容易，可维持白天28～30℃，夜间15～17℃，白天后期控制以30℃为上限，注意放风降温，昼夜温差可控制在15℃左右，利于浆果上色。

（2）湿度管理与灌水

设施内葡萄栽培，合理的浇灌既可保证正常的生长发育，又能满足生殖生长所需。但是，在温室栽培中，由于受栽培条件的局限，湿度的控制则表现的十分重要。

①棚内湿度管理。鉴于葡萄生长期需水特性，前期即萌动到开花前，相对湿度可高于花期。适当的干燥利于花药开放和花粉散发。但是，过于干燥又易出现花冠不开裂脱落而干枯在花蕊上的不正常现象，影响到坐果。据观察，棚室内谢花后3～5天内很快脱落未坐果的（也称为第一次落果），往往是授粉受精不良引起的，因此花期湿度过大，坐果率明显下降，葡萄设施栽培花期的空气相对湿度宜控制在60%～65%。

②土壤浇灌

温室栽培条件下，在越冬前浇透水的基础上，可在扣棚解冻后浇第一水，芽萌动时浇第二水，花前浇一小水（掌握全园见有个别单花开放）。浇第一水后，随即用地膜对全园封闭，既可提高地温，又可防止水汽上升，降低棚内的空气湿度，保证顺利开花、座果。覆地膜工作，原则上要求细致、周到、尽最大限度盖全。等到全园95%的花凋谢后，浇花后第一次水，隔20天左右浇花后第二水，其后在浆果变软前再浇一水，棚内阶段土壤浇水基本完成。

除棚膜露地栽培期，根据天气情况按常规管理进行浇灌，雨季必须注意做好棚内的排水，以免积涝，影响树体发育。可结合施肥浇水，越冬前灌好封冻水。

（3）施肥与气体调节

温室葡萄在露地栽培时到9月下旬至10月，要集中一次秋施基肥。基肥要求以充分腐熟的有机肥为主，外加速效性氮、磷、钾和适量的微肥。每亩的施用量一般掌握：有机肥1.5～5t、硫酸钾50kg。充足的有机肥，既可很好满足葡萄生长发育所必需的矿质元素，又可改善土壤理化性状，更重要的是有机肥在分解过程中能产生大量的二氧化碳，补充棚内二氧化碳。这一功用在露天栽培中无关轻重，但在设施栽培中却显示出至关重要的作用。温室栽培中多施有机肥，是丰产优质的基础，这一经验目前已被广大果农充分认识。

由于葡萄自身的生物学特性决定了早春生长初期正是花序增大的关键时期这一特点，所以此期管理的好坏和营养物质供应的充足与否，直接关系到当年果穗的大小。为此，扣棚升温后须及时追肥，搞好前期速效肥供应。芽萌动期，追施一次肥，主要用三元复合肥（15×15×15）每亩50kg，尿素50kg。花前进行叶面补肥2～3次，主要肥料是尿素、叶面复合肥和光合微肥等。花后，结合浇水追施尿素50kg；缺钙的还要喷钙肥，4月下旬至5月上旬，每亩追施一次硫酸钾50kg。浆果膨大至成熟，叶面喷施2～3次稀土微肥和光合微肥。

（4）棚内光照管理

温室采用的主要是聚乙烯无滴棚膜覆盖，同时，为了保温，又对其进行了定期的遮盖，温、湿度诸因素虽然力求接近葡萄要求的条件，但是由于光照时数和光质变化等因素的影响，与露地栽培的葡萄相比，生长节律略有差异。自然条件下如巨峰葡萄从4月20日芽萌动到9月初成熟，总生长日数为140天左右，积温3 350℃，总日照时数约为1 200～1 250小时，而温室内巨峰葡萄从萌芽到成熟，生长总日数为150～155天，拖延10～15天，合计日照时数为1 320小时。通过试验，分析其差别的主要原因是：其一，覆盖的透明材料本身对光照有一定的阻隔和过滤等副作用，光质有变化。据实地测量，新的大棚膜，膜下光照强度只有直射光照强度的86.7%，光透过棚膜后，损失13.3%，随着覆膜时间的延长，膜老化、污染等，覆膜150天的膜透光率只有76.1%。其二，加盖保温材料后，对光照射时间亦有影响。由于上述两项主要因子影响，延长了生育期，同时，也在很大程度上直接影响了花芽的分化，所以，棚膜必须一年一换，以改善光照条件。

（5）病虫害防治

温室中的葡萄生长特定的环境中，一般病虫为害较轻，主要防治对象是幼果轴腐病、白腐病、灰霉病、褐斑病、裂果病等。重点在萌芽前喷3~5°石硫合剂，花前花后喷甲托、速克灵、乙膦铝等与波尔多液交替使用，按每10~15天1次喷药防治。撤膜后，参照大田进行防治，特别注意霜霉病的防治，可喷施多抗霉素等，保证枝叶正常生长发育。

二、桃树设施栽培技术

大同地区设施油桃表现较好的品种主要有：中油4号、中油5号、秦艳等，毛桃有春雪、大京红等。桃设施栽培需要掌握的关键技术如下。

（一）整形修剪

1. “一边倒”形

定植后在嫁接口以上10cm处定干，选留一个主枝，把其他枝条剪除。到7月中旬将整个树体向一边倾倒，使主干和地面呈45°倾斜，将主干固定在竹竿上，但不要把主枝拉成弯弓，主枝应保持挺直，只是倾斜生长。主枝上每隔20cm留1个侧枝，侧枝长到30cm时摘心，并将其向主枝两侧牵拉并固定，保持侧枝和主枝呈垂直状态分布，这样每行桃树呈鱼骨状排列，对主枝上的背上枝要剪除或拉平，使其向两侧生长。

2. 主干形

(1) 第一年修剪

①夏剪：选留一直立旺梢作为中心干延长头，始终缓放不截，及时立支棍绑缚使其直立生长，防止风折，中干竞争枝疏除或重摘心；中心干上 35cm 以下的侧梢拧梢至下垂控制生长、辅养树体；中心干上 35cm 以上的侧梢保留不动，作为来年结果枝，如果到 6 月初侧梢还不足四个或生长过旺，并且其长度已达到或超过 30cm，则在 6 月上旬对这些侧梢剪留 15cm 进行摘心，利用再次分生的副梢作为结果枝。

②冬剪：落叶休眠后至揭帘升温前进行，中心干延长头只要不超过 1.5m 均缓放不截，如果超过棚高可以从上部侧生分枝处剪回，疏掉强旺枝、病虫枝、重叠枝和干高 35cm 以下的枝条，疏间过密的侧生分枝，留够 15 个左右 30～70cm 长的枝条缓放，再调整中短枝密度，使树体枝条分布形成基部（干高 35～55cm）枝条较多（8 个左右长枝）、中部（基部枝条往上 40cm 以内）空阔（不留长枝）、上部（中部以上）枝条稀疏（7 个左右长枝）的树体结构。

(2) 第二年及以后修剪

①抹芽疏枝吊枝：开花前抹除发芽早的背上旺芽、剪口密生芽，减少与开花坐果的养分竞争；果实发育期随时疏掉无果的空枝及背上强旺枝，保持树体通风透光，保留的所有果枝用丝线吊枝，调整枝条方向及角度，使枝条分布均匀、枝枝见光，通过吊枝仍不能见光的枝条疏除；果实着色期及时疏掉密挤挡光的新梢，利于果实着色。

②采后修剪：果实采收后，5 月下旬至 6 月上旬修剪最佳，首先将中心干回缩至下部较小的直立分枝或壮芽处，降低中心干高度至 0.9～1.3m，棚前沿可剪至 0.9m 高左右，由南往北依次升高，北排树剪留 1.3m 左右，重新选留的中心干延长头吊线或支棍绑缚使其直立生长；在干高 35～55cm 区间选择 3 个生长势中庸、均匀

的侧枝上的粗壮新梢留短橛重短截，甩放一部分细弱梢；中心干上基部选留的三个侧枝以上40cm内的枝条全部清空，使基层枝保持充足的光照；疏间中心干上中层以上的分枝，粗壮的全部剪掉，中庸或偏弱的从基部留橛回缩，调整回缩橛的密度和方位，使发枝后不密挤不重叠。

③二次夏剪：大约在6月下旬至7月上旬，即采后修剪一个月后，进行第二次修剪，这次修剪的主要任务是调整枝条密度、保持树体通风透光，保证花芽发育质量，应掌握轻剪的原则，如果修剪偏重，会导致新梢再次旺长影响养分积累和花芽分化。一是疏掉中心干延长头的竞争枝，疏间上层过密的伞状枝条，打开上面光路；二是清空中间层又发出来的新梢，使其仍保持中间空阔，解决下层枝的光照；三是轻轻疏间基层过于密挤的枝条，使其通风透光，保证其花芽分化质量。如果上次采后修剪较重，再次生长后枝条密度不大，这次修剪可以省略。

④冬剪：落叶休眠后至揭帘升温前进行，中心干延长头仍然缓放不截，达到棚顶高度的可以回缩到上部侧生分枝处；疏掉病虫枝、重叠枝、强旺枝和扫地枝，疏除中上层的强旺枝，疏除密挤枝、背下细弱花枝，每株选留20个左右花芽饱满、长势中庸的长枝缓放，再调整中短枝密度，使其成为基层丰满（干高大约35～55cm区间枝条丰满）、中间空阔（基层枝以上40cm内清空）、上层稀疏（上层稀疏分布几个单轴延伸的中小枝组）的树体结构。

3. 开心形

（1）第一年修剪与主干形相同

（2）第二年修剪

①抹芽疏枝吊枝：同主干形。

②采后修剪：果实采收后，5月下旬至6月上旬修剪，在干高35～55cm区间选择分布均匀、生长势接近、又比较粗壮的3个侧生枝作为主枝，并使相邻两株树的主枝插空排列，疏掉其他侧枝，中心干落头开心。选留的三主枝延长头均选壮梢或壮芽带头，吊线

或支棍绑缚使三主枝保持50°角倾斜向上生长，三主枝上的背上旺枝疏除，粗壮新梢留短橛重短截，其余枝条一部分重截，一部分甩放，调整短橛密度，使之间隔开，发枝后不至于密挤或重叠。

③二次夏剪：采后修剪大约一个月后，轻剪，疏除三主枝上的一部分背上旺枝，调整三主枝上的枝条密度，使所有保留的枝条都能接受到光照，确保花芽质量，如果枝条不密这次不必修剪。

④冬剪：落叶休眠后至揭帘升温前进行，三主枝延长头缓放不截，保持其生长优势；疏掉病虫枝、重叠枝、密挤枝、强旺枝和细弱花枝，每株选留40个左右花芽饱满、长势中庸的长枝缓放，再调整中短枝密度，使树体形成以三主枝为骨架的开心形树体结构。

（3）第三年及以后修剪

①抹芽疏枝吊枝：开花前抹除发芽早的背上旺芽、剪口密生芽，减少与开花坐果的养分竞争；随时疏掉无果的空枝及背上强旺枝，保持树体通风透光，果实着色期及时疏掉密挤挡光的新梢，利于果实着色；保留的所有果枝用丝线吊枝，调整枝条方向及角度，使枝条分布均匀、枝枝见光。

②采后修剪：维持三主枝骨架结构，三主枝延长头适度回缩，剪到壮枝或壮芽处，既保持延长头生长优势又使行间通风透光；三主枝上的分枝，过大过旺的疏除，其余枝条一部分重截，留基部明芽成短橛，一部分甩放，调整短橛密度，使其间隔开，发枝后不至于密挤或重叠。二次夏剪及冬剪同上一年。

（二）控冠促花

7月下旬开始喷施200～300倍多效唑或PBO 200～250倍液控冠促花，视控长效果隔周再喷1～3次，直至新梢停长为止。

（三）土壤管理

①起垄栽培：袋苗栽植后，5～6月可用树盘高畦灌水，7月雨季到来前树盘起垄，垄高20～25cm，改为用行间灌水，利于排涝控长。

②覆膜：每年萌芽前覆黑色地膜，以利提高地温、调节棚内湿

度、防治杂草，果实着色前可撤掉地膜，生长后期不再覆膜。

（四）肥水管理

桃所需氮、磷、钾的比例为2：1：2为宜。

①基肥：9月施入，以有机肥料为主，如堆肥、厩肥、圈肥、粪肥以及绿肥、秸秆、杂草等，混加少量氮素化肥。具体施肥量按每生产1kg桃果施入1.5～2kg优质农家肥。施肥方法一般采用沟施或撒施浅翻。施肥部位主要是行间及树盘垄下。

②追肥：第一年肥水管理前促后控，自袋苗移栽开始每株追施尿素25g+氮、磷、钾复合肥及中微量元素肥料50g+生物有机肥50ml；间隔20～30天再施1次肥，每株50g尿素+50g复合肥；第三次再间隔20～30天每株施入尿素50g+生物有机肥50ml，施肥方法可用沟施或树冠外围撒施，然后覆土，每次施肥后及时灌水。7月以后停止追肥。第二年及以后施肥一般分4次，分别在萌芽前、果实膨大期、着色前、采后修剪后施肥。萌芽前以氮肥为主，适当配合磷钾肥，可用撒可富与尿素各50%，约占全年施肥量的3/10；果实膨大期施肥一般在疏果后进行，氮磷钾配合施用，以钾肥和氮肥为主，适当配合磷肥，可以施用钾宝，施肥量占全年的3/10；着色前施肥以钾肥为主，配合少量氮肥，还可以施用钾宝或硫酸钾+少量尿素，施肥量占全年的3/10；采后修剪后可以施少量撒可富+尿素，施肥量占全年的1/10。按上述肥料计算，全年施肥量一般掌握在结果量的1/10～1/15，过多的肥料易导致土壤盐渍化，影响树体正常生长发育。施肥方法可以沟施或撒施浅翻，每次施肥后及时浇水，注意花期和硬核期禁止灌水。

③根外追肥：根外追肥应根据树体生长和结果需要结合喷药进行，一般每隔两周一次，生长前期以氮肥为主，树势弱加喷赤霉素，后期以磷钾肥为主，加喷农用链霉素预防病虫。每次追肥可补施桃树生长发育所必需的多种微量元素。常用的肥料有尿素0.3%、硫酸锰0.3%、磷酸二氢钾0.3%～0.5%等；根外追肥宜在上午10:00前或者下午16:00后，避开高温时间，喷洒部位主要

是叶片背面。最后一次根外追肥在距果实采收期20天以前进行。中微量元素养分推荐：桃树比较容易出现缺钙，缺钙可于桃树生长初期叶面喷洒商品螯合钙溶液，连喷两次，在盛花后3～5周，采前4～6周喷0.3%～0.5%的氨基酸钙可防治果实缺钙；缺镁可以喷0.2%～0.3%的硫酸镁；缺铁可喷黄腐酸二铵铁200倍液或0.2%～0.3%的硫酸亚铁溶液，每隔10～15天1次，连喷两次；缺锌可以在发芽前喷0.3%～0.5%的硫酸锌溶液或发芽后喷0.1%的硫酸锌溶液，花后3周喷0.2%的硫酸锌+0.3%尿素，可明显减轻缺锌症状；落叶前20天左右，喷3次0.5%的硼砂+0.5%的尿素，开花前喷2～3次浓度为0.3%～0.5%的硼砂，可以增加树体养分积累和供应，提高坐果率。

（五）休眠管理及温湿度调控

1. 休眠管理

9月做好一切扣棚准备工作。霜降过后，夜温低于7℃时开始人工落叶，扣棚、上草帘，进行蔽光休眠。休眠期内通过揭盖草帘和开关通风口来调节棚内温湿度，使其尽量满足桃树低温休眠需求，以2～7℃最佳，记录休眠期内低温积累时数，以确定升温时间。保温性好的温室休眠充足后可立即升温；保温性差的简易温室及大棚可推迟到1～2月升温，避免出现低温伤害。休眠初期由于外界气温较高，可以通过晚上揭草帘、打开通风口，白天关风口、放草帘来降低温度；休眠中期外界温度适宜时，可以始终关风口、盖草帘保持休眠温度；休眠后期外界温度较低时，可以在白天揭一部分草帘，晚上盖草帘以提高温度。

2. 温湿度控制

休眠期结束后，揭草帘缓慢升温，第一周白天气温15～18℃，夜间气温5～8℃；第二周白天气温17～20℃，夜间气温6～9℃；第三周白天气温19～22℃，夜间气温7～10℃；第四周至开花前白天气温21～24℃，夜间气温8～11℃；开花期白天气温20～23℃，夜间气温8～11℃；幼果膨大期白天气温22～28℃，夜间气温10～

15℃；果实着色期白天气温26～30℃，夜间气温12～15℃；果实成熟期白天气温22～26℃，夜间气温9～12℃。棚内湿度管理从扣棚到开花前相对湿度为60%～80%，开花期保持30%～50%，花后至果实采收控制在60%以下。

（六）花果管理

1. 授粉

花期人工授粉或放蜜蜂授粉。初花期可用毛笔或香烟的过滤嘴人工点授，盛花期用鸡毛掸子滚动授粉；或开花前放蜜蜂授粉，每棚1～2箱蜂。无花粉树及无花粉棚，需采花期相遇的有粉树及有粉棚的花粉进行人工点授。

2. 控梢

如果树势过旺，出现先叶后花，可能会影响坐果，除抹芽、疏枝、控制旺梢以外，可以在花后喷布1～2次200倍的PBO控制新梢旺长，减少新梢生长与幼果发育争夺养分，促进坐果、改善光照。

3. 疏果

疏果一般落花后两周到硬核前进行，可分两次进行，第一次在落花后2周，去掉晚花果、畸形果、双生果和位置不好的果，疏间过密的正常果，视坐果多少疏果量掌握在1/2～2/3，如果新梢长势过旺、坐果不多，这次可以不疏；第二次疏果一般在落花后4周，疏掉病虫果、畸形果、小果、朝天果和无叶果枝上的果，保留枝条两侧及背下的果，疏间过密的果，树体上部及外围壮枝适当多留果，树体下部及弱枝少留果。盛果期树留果量油桃一般每亩掌握在3 000～4 000kg，毛桃每亩2 500～3 000kg，新结果的小树依树体大小减量1/3～1/2。

4. 疏枝、吊枝

即在果实发育期通过疏枝和吊枝改善树体光照，提高树体光合效能。

5. 果实套袋

为改善春雪等普通桃品种外观品质，一般需套袋栽培。为减小套袋对果实膨大的影响，套袋时间可以推迟到硬核后。以不透光的双层纸袋较好，套袋时先撑开袋子的通风口，再套在果实上，使果实悬空，袋口扎在枝条上。摘袋时间为采收前3~5天，当果皮由绿转白，果个达到商品果要求又没开始变软以前，开始摘袋，摘袋一般按采收计划分批次进行，先摘袋的果先采，后摘袋的果后采，直至全部采收完毕。

6. 摘叶、铺反光膜

果实着色期，当果皮底色由绿转白，阳面着色由点红变为片红时，摘除贴近果实5cm以内的叶片，在树盘及后墙铺反光膜，促进果实着色，摘叶后2~5天，色泽最艳，适于采收。

7. 果实采收

根据市场需求及品种特性不同，确定采收标准，一般果实着色面积达到70%~95%时，梗洼处由绿转白之前采收。采收宜分期分批进行，第一次先采树体上部及外围果个够大的、着色够标准的；间隔1~2天采第二次，这次应采收够标准的果和所有即将变软的果实；第三次采收再间隔1~2天，与第二次标准相同。一般分3~5次采完，采收期持续10天左右。分期采收的果实品质好、产量高。

（七）病虫害防治

萌芽前，全棚喷施5°石硫合剂，包括墙壁土壤，萌芽后菌虫双杀烟雾剂熏，大棚隔20天左右再熏一次，后期参照大田管理，应注意防治蚜虫、红蜘蛛、斑潜蝇等，可用阿维菌素，电功能水防病虫。

三、草莓设施栽培有什么特殊要求

保护地草莓是元旦、春节期间的畅销鲜水果。日光温室设施草莓无公害生产技术是提高草莓产品质量，保证草莓生产可持续发展的根本途径。大同地区设施草莓栽培面积初具规模，销售已扩展到北京、天津等地，适宜大同地区的设施栽培草莓新品种主要有红颜、章姬、点雪、丰香、达赛莱克特、甜查理等。设施草莓上市期从1月延续到5月，不断有草莓鲜果成熟上市，丰富了大同果品市场。草莓设施栽培的特殊要求有以下几点：

（一）合理密植

大同地区草莓的适宜定植期为8月下旬至9月上旬，栽植过早气温高，影响成活率，栽植过晚，冬前生长期短，不利于形成健壮植株。7月上旬至8月上旬对日光温室土壤暴晒消毒杀菌，在地表撒碎稻草（1kg/m^2）和石灰氮（0.1kg/m^2），浅耕翻后做畦埂，灌水，盖地膜，再将棚膜盖严。白天地表温度可达70℃，20cm深土层全天保持40～50℃，持续15～30天。土壤消毒后每667m^2施入发酵好的生物菌肥4m^3硫酸亚铁50kg、复合肥50kg，结合施肥深翻园地，然后做成高畦，畦距80cm，畦顶宽40cm，畦底宽50cm，畦高30cm，畦与畦沟底距30cm。定植前灌透水1次。

草莓栽植密度为每667m^2栽10 000株左右，每畦栽2行，株距15～20cm。为便于采摘和管理，栽植时将秧苗弓背朝向畦外。栽植深度以“上不理心，下不露根”为宜。栽后立即灌水并遮阴，1周内每天灌水一次，之后，控肥控水10天左右，以利扎根。新叶长出后及时摘除下部老叶，雨天及时排涝。9月下旬，草莓进入花芽分化期，结合灌水每667m^2追施发酵好的生物菌肥2m^3，并随水追施三元素复合肥20kg，施肥浇水后及时覆黑色地膜。中熟品种达赛莱克特扣棚保温晚，应注意土壤封冻前灌透水。

（二）科学管理日光温室的温度和湿度

扣棚时间的确定主要应考虑品种成熟期、自然气温变化和日光温室的保温效果。早熟品种掌握在植株顶花芽分化以后，将要进入休眠之前，夜间气温降到8℃左右开始扣棚保温，一般10月1～10日应注意保温。10月15日开始保温初期至开花期（扣棚约30天）

是草莓茎叶生长期，白天温度保持26～28℃，最高不超过30℃，夜间温度不低于8℃。开花期至果实膨大期，白天温度保持20～25℃，夜间温度5～7℃，此期间宜开天窗放风换气，不要打开温室下部棚膜换气。果实膨大期，白天温度保持20～22℃，夜间温度5～6℃。当日光温室内空气湿度超过80%时，易发生各种草莓病害，花期湿度过大，花粉不易散开，影响授粉受精，温室内适宜的湿度为50%～60%，可在每天中午放风1～2小时，以降低日光温室空气湿度。

（三）注重扣棚后的田间管理

扣棚后要尽快破膜提苗，方法是在草莓上部的地膜上割一“十”字形小口，将苗轻轻提至膜上。提苗后去掉枯黄叶、病虫叶、衰老叶和多余的新茎，每株只保留2～3个健壮的新茎即可。此后，随着新叶的发生，及时剪除下部的病、虫、老叶，以利通风透光，并能减少病虫的发生，同时应随时去掉新生的葡萄茎，以减少养分消耗。扣棚后，当20%左右的草莓植株开始现蕾时，喷1次赤霉素，使草莓尽快解除休眠。休眠期短的章姬、丰香等品种，赤霉素浓度为7～8ml/L；休眠期较长的达赛莱克特等品种，赤霉素浓度为9～11ml/L；于晴天10:00以后全株喷施，重点喷苗心，每株喷药液量3～5ml。喷施完毕后适当减少放风，使棚内温度保持在28°C左右，以利于发挥赤霉素的作用。日光温室草莓由于已施足了底肥，扣棚后仅需在开花前期、果实膨大期各喷施1次益益久生物肥或其他叶面肥，采前随水灌益益久生物肥原液1kg/667m^2，灌水宜采用膜下滴灌的方式，灌水后注意放风散湿。棚室内采用滴灌，不仅可减少资源的消耗，提高土壤温度，避免土壤板结，增加土壤通透性，而且还可降低棚内湿度，减少病虫害发生，是生产无公害草莓的一项重要措施。调查结果表明，日光温室采用滴灌，每667m^{2}每年节约用水76t，温室内平均地温比大水漫灌提高1.0℃，空气湿度降低20个百分点。日光温室内空气湿度大，基本无风，不利于草莓授粉，应采用放蜂授粉措施，一般面积在

$667m^2$ 以上的温室放 2 箱蜜蜂，$667m^2$ 以下的温室放 1 箱蜜蜂。

(四) 注重防治病虫害

无公害草莓的病虫防治应坚持预防为主、综合防治的原则。优先选择熏烟剂、粉尘剂、生物药剂，尽量减少农药对环境和草莓果实的污染。

1. 草莓白粉病

近年日光温室草莓白粉病发生比较普遍，红颜、丰香等日本草莓品种发病重，每年因此减产 20% ~50%。在防治白粉病时，长期喷施三唑类农药，容易抑制下茬作物生长，降低下茬作物的生产效益。在生产上可采用硫熏蒸灌预防白粉病，每 $10m^2$ 挂 1 个，并可兼治螨类害虫。在发病初期，可喷施 3 000 倍液 12% 腈菌唑乳油。

2. 草莓疫病

疫病导致草莓烂果，潮湿条件下草莓果上生白毛。可喷施 80% 大生 M－45 可湿性粉剂 800 倍液或 80% 必得利可湿性粉剂 800 倍液，每 10 ~15 天喷 1 次。

3. 草莓灰霉病

灰霉病常造成草莓烂果，结果期灌水容易诱发该病，发病后期病果表面长灰毛，可在阴天或灌水后用 10% 百菌清烟剂或 10% 速克灵烟剂等熏烟预防。

4. 害螨类

在草莓日光温室生产中，经常喷洒硫悬浮剂，在预防白粉病同时可抑制螨类大量发生。草莓的害螨以红蜘蛛为主时，可喷洒 15% 哒螨灵乳油 1 500倍液，也可喷洒 1.8% 阿维菌素乳油 3 000 ~4 000倍液。

5. 蚜虫和白粉虱

防治的药剂有灭蚜烟剂，每 $667m^2$ 用量 350g 左右，还可喷施 20% 吡虫啉可湿性粉剂 4 000 ~5 000 倍液或 40.7% 乐斯本乳油 1 500倍液等药剂，为了增强防治效果，可加少量渗透剂如害立平、助杀等。

6. 重茬病的防治

该病是威胁日光温室草莓生产的重要病害，重茬种植一般死苗率30%，减产40%～60%。目前，主要采用晒土消毒解决草莓的重茬障碍，但由于消毒后各种病菌及有益微生物同时被杀死，会使土壤板结，透气性差，草莓生产过程中宜施用有机生物菌肥，以补充有益微生物。

（五）适时采收

一般在草莓果实全红期采收，也可根据销售地远近及成熟季节灵活掌握。就地销售的果品，采收成熟度宜在九成以上。远销的果品，采收成熟度宜在八成，果实成熟始期和末期可隔日采收，中期可每日采收。草莓采收后要分级包装，一般一级果单果重30～50g，二级果单果重20～30g，三级果单果重10～20g，包装后及时外运销售，包装箱或小包装盒须有通气孔，以防霉变烂果。

四、杏树设施栽培技术

（一）品种选择

设施内杏品种的选择须选结果早、成熟早、产量高、品质好、短低温、抗病强的品种，并且有一定的自花结实能力。尽管如此还必须配置一定比例的授粉树。目前，大同地区设施内选用较多的品种有骆驼黄、金太阳、凯特、玛瑙杏、丰园红杏以及508杏等。这些品种的低温需求量一般在500～800小时。一些短低温需求的品种也已选出，如9803杏等，其低温需求量一般在400小时左右，而华县大接杏则不适宜温室栽培。

（二）栽植技术

（1）栽植方式

杏树设施栽培可采用两种栽培方式：一是先栽树，后建设施；二是先建设施，后栽树。采用哪种栽植方式取决于栽植者的经济条件和管理技术。前者一般是把树栽上培养2~3年，具有一定的结果能力后再建大棚或温室。当然，栽树时必须按温室结构进行详细规划。而后者则是在9月建好温室，留下杏树的栽植点，立即间作蔬菜或草莓，到1月上旬再把二年生杏树栽入预留的定植点内。

（2）栽植行向及株行距

大棚内其栽植行向为南北行，日光温室内南北行或东西行均可，但以南北行较好。株行距一般为1.5m×2.5m，但可根据采用树形的不同适当调节株行距，如“Y”字形树形便可将株行距加密到0.8~1m×1.5~2.0m。

（三）树形及修剪

杏树非常喜光，但设施内由于骨架的遮光以及杏树的密植和生长的季节，使设施内光照较弱。必须采用透光好的树形。目前，应用较多的树形有纺锤形、开心形、“Y”字形等。在修剪上要特别注意以夏季为主，冬季为辅。不要过多短剪，一般以缓放、疏剪为主。在纺锤形整形时，可以在夏季利用多次短剪培养小枝组。主枝延长头一般不进行短剪。大棚两侧及温室前部可采用低矮的树形，如开心形。对于树体高度的控制可通过落头、换头、以果压树等方式进行，也可通过化学药剂如多效唑来控制，具体应用的方法可喷雾、土施或涂干，均有很好的效果。使用量一般按树龄值乘以1g为宜。

（四）授粉

设施内杏树的授粉主要采用人工授粉或蜜蜂、电动授粉、壁蜂授粉。人工授粉可采用点授、滚授的方法。蜜蜂授粉一般每棚或每温室内一箱，但应注意使蜂蜜适应温室环境，否则会引起大量死蜂。壁蜂授粉效率也较高，但需掌握好壁蜂的休眠时间，否则出蜂过早或过迟多不利于授粉。

（五）环境管理

环境管理包括温度、湿度、光照及二氧化碳等环境因素的管理。其中温度管理是至关重要的因素。管理不得当，将会导致脱花芽、不开花、开花不整齐、坐果少、绝产等不良后果。温度的管理要根据一定时期所要求的适宜温度、最高温度、最低温度进行管理。如休眠期最适宜的温度是5～7℃，但实际管理过程中不可能全天24小时均保持这样的温度，并且不变的温度对杏树也不见得是最好的温度，因此，还需按照白天最高温度不超过10℃，夜间最低温度不要低于0℃进行管理。在管理措施上，休眠前期气温较高，可以通过白天遮盖草帘挡光降温，夜间放风降温，创造低于10℃以下的温度；休眠后期气温较低，可通过白天适当拉开部分草帘加温，夜间盖住草帘保温，创造高于0℃以上的温度。在时间长短上，尽管在5～7℃下有30～35天便可满足杏树低温需求量，这也正是温室杏树能够提前加温的原因所在，但是由于杏树的系统进化，此一时间最好再推迟5～10天。在升温至开花前的温度管理更为重要，其适宜温度是8～15℃，这个时间段最好持续35～40天，且升温是按每10天一个小段逐渐升温，千万不能急于升温，不能一下升高温度，否则会引起花结构的畸形或雌雄蕊败育，但是在生产上往往忽视这一问题，造成“开花容易坐果难”。塑料日光温室杏树不同时期环境管理指标见表。

表　塑料日光温室杏树不同时期环境管理指标

时期	适宜温度（℃）	白天最高温度（℃）	夜间最低温度（℃）	相对湿度（%）
休眠期	5～7	10	0	≤80
升温至开花期	8～15	18	5	≤80
花期	12～18	20	7	40～60
幼果期	15～20	22	10	≤70
膨大期	18～22	25	10	≤70
近熟期	22～28	30	15	≤60

（六）土、肥、水管理及病虫防治

设施杏树密度大，需肥量较大，在栽植时同油桃一样，一定要施足底肥。在果实膨大期可追施化肥，由于杏树较为喜钾，钾肥的比例要加大。浇水在扣棚前浇灌一次，扣棚后对地面进行地膜覆盖，不仅可以保持土壤水分，也可以降低设施内的空气湿度，其后追肥、浇水、叶面喷肥、喷药防病虫等，具体操作请参考设施桃树的管理技术。

第二部分

旱作节水篇

第一章　旱作农业节水技术

一、旱作农业节水概况

大同市水资源日益匮乏，农业用水比例逐年下降，水资源总量不断减少，水资源的主要补给来源是大气降水。由于降水的逐年减少及煤矿等大量开采对水资源的破坏，导致我市水资源总量逐渐减少，为了确保现代农业的可持续发展，特提出以下旱作节水农业发展的对策。

（一）“水、土、植、气”四位一体，协调发展

水——保持降水、地表水、地下水、土壤水和作物水之间的相互转化平衡。

土——确保良好的土壤水、肥、气、热、盐状况。

植——调整种植结构，规范栽培技术。

气——确保光热资源、气候条件的合理配置。

（二）“蓄、保、集、节”多措并举、综合集成

蓄水——蓄住天上水。

保水——保住土壤水。

集水——集蓄雨水。

节水——节约灌溉水。

必须从这4个方面全面考虑，由采用单一节水技术转变为高度集成的农业节水综合技术体系，发挥各种节水技术整体效益。

（三）重点实施“四大工程”、推广“十项骨干技术”

1. 四大工程

土壤水库建设工程；集雨补灌工程；保墒固土工程；生物节水工程。

（1）土壤水库建设工程

土壤水库建设是旱作农田抗旱节水基础工程，主要工程内容包括以下两个方面。

一是土壤水库扩蓄增容工程，主要是购置改土培肥、深耕深松、秸秆还田机械设备，改良土壤结构，营造土壤水库库容，增强农田抗旱节水能力。

二是坡耕地整治工程，建设高标准梯田和等高田，实行等高种植，提高降水入渗量，减少农田水分流失，提高旱作农田的蓄水保墒能力。

（2）集雨补灌工程

集雨补灌是旱区降水高效利用的重点工程，主要工程内容包括以下4个方面。

一是农田集雨工程，在旱平地和缓坡地配备作业机具，建设集雨坑、径流面、沟垄和生物篱等农田集雨设施，强化农田降水入渗和空间再分配，创造农田水分局部优化条件，提高旱作农田的雨水蓄积能力和经济效益。

二是集雨补灌工程，在坡耕地、山丘地，建设集雨径流场和地下窑窖、地表蓄水池、蓄水柜基础设施，有效拦截、集存地表径流，调补旱季用水，并配套建设低压输水管灌、喷微灌、渗灌等补灌设备，发展高效种植。

三是保护地节灌工程，建设保护地栽培设施，配备微喷灌、渗灌、重力滴灌等节水灌溉设备，充分利用旱作区小水源发展高附加值经济作物种植，提高集约经营水平。

四是田间节灌工程，应用非充分灌溉技术，配备大田地面灌、微喷灌，滴灌和膜下滴灌等设施，提高灌溉水的利用率和效益。

（3）保墒固土工程

保墒固土是旱作节水与环境保护相结合和关键工程，主要工程内容包括以下 3 个方面。

一是保墒固土耕作工程，在风沙和水土流失严重的地区配置免耕或少耕（深松）、免耕播种等保护性耕作机具和设备，改革铧式犁翻耕土壤的传统耕作方式，防止水土流失，减少农田和退化草场扬尘。

二是农田覆盖工程，实施地表生物覆盖和地膜覆盖，配置与之适应的农田作业机具，降低农田蒸发，提高水分利用效率。

三是抗旱坐水种工程，在春旱严重的地区实施抗旱播种和抗旱灌溉，配备抗旱坐水播种作业机具和中小型移动式抗旱灌溉机具，增加种床土壤墒情，提高旱作农田出苗和保苗率。

（4）生物节水工程

生物节水是旱作节水高效的骨干工程，主要包括以下两个方面的内容。

一是抗旱节水品种扩繁工程，以小麦、玉米、蔬菜、特种经济作物、牧草等作物为重点，建立抗旱作物良种扩繁基地，缩短新品种生产应用周期，提高抗旱节水作物新品种的应用普及率。

二是节水高效种植工程，建立多元的节水高效种植制度，发展立体种植、间作套种、草田轮作、经济作物节灌等种植模式，配备必要的机具和设备，建立节水高效种植示范工地。

2. 十项骨干技术

根据不同区域旱作区缺水特征、土壤类型和种植制度等条件，重点推广十大节水农业骨干技术。

（1）土壤水库营建技术

通过深耕（翻）、深松和增施有机肥，改善土壤的透水性，增加入渗深度，提高蓄水能力，减少流失和蒸发。促进作物根系发育，扩大根系的吸水吸肥范围，建成高容量土壤水库；主要适用于土体深厚的地区。

（2）保护地高效节水灌溉技术

通过旱作与节灌有机结合，以肥调水，实现保护地降低用水量，提高用水效率、减少面源和地下水污染。主要适用于大棚蔬菜（经济作物）生产区，拱棚、地膜大田等保护地蔬菜（经济作物）生产区。如：水肥一体化技术

（3）集雨补灌技术

通过修建地下窑窖、地表蓄水池、蓄水柜和集雨径流场等设施，结合节灌施肥，实现有效拦截雨水、集存地表径流水，节水、节肥，调补旱季用水和提高用水效率。主要适用于旱作丘陵坡地、旱平地和缓坡地。

（4）固土保墒耕作技术

通过改革传统耕作模式，减少土壤耕作，实行免耕、少耕和适时深松，增加秸秆及残茬覆盖，结合施肥、除草、杀虫、灭菌等措施，实现抗旱保墒、保土、防治沙尘暴，省工、高效经济用水。主要用于广大的北方旱作区和风沙区。如保护性耕作技术。

（5）生物节水与高效种植技术

通过调整种植制度和作物结构，筛选抗旱节水优质高效品种，节水高效种植，实现作物种植低耗水，区域水资源高效、合理利用。主要用于作物种植单一、作物布局不合理和耗水种植的地区。

（6）新型节水制剂

通过选用各类高新抗旱节水生化制剂（保水剂、蒸腾抑制剂、土壤改良剂、抗旱种子包衣等），结合相应配套措施和设备，实现改土保水、吸保雨水、抗旱保苗、稳产、高产。主要适用于旱作高效作物种植区。

（7）抗旱保苗播种技术

通过机械化措施实现播种与有限浇水结合，实现抗旱保苗，提高有限水量高效利用。主要适用于春播、秋播严重干旱的地区。如少耕穴灌聚肥节水技术。

（8）覆盖保墒技术

通过地表生物、作物残茬、液膜、降解地膜等覆盖，以及配套设备应用，减少地表裸露和水分蒸发，保持土壤水分，减少坡耕地水土养分流失和起尘。主要适用于北部旱作区和风沙农田区。如地膜覆盖技术、“W”形膜盖集雨增墒种植技术。

（9）农田护坡拦蓄保水技术

通过等高种植、种植生物埂以及修建梯田等措施，实现护埂护坡，减少陡坡地水土流失，拦蓄雨水，提高降水利用效率。主要适用于降水强度大的地区，陡坡地、梯田和丘陵坡耕地。

（10）非充分灌溉技术

通过改进灌溉制度、灌溉模式和更新节水灌溉施肥设备，实现减少灌溉用水、灌溉次数，提高灌溉水利用率。主要用于水资源不足的有限灌溉农区。

二、旱作节水农业的技术模式

旱作节水农业技术是以蓄水、保水、节水、管水、用水为核心内容，把工程、农艺、生物、化控及高新技术应用等措施融为一体，将土、水、光、热资源进行合理配置，建立节水、高产、高效的农业体系，大幅度提高水资源利用率和利用效率的重要措施。其技术模式主要分为以下三大类。

（一）提高降水利用率的技术模式

1. 坡耕地综合治理模式

实施坡改梯、修筑地埂、建设集雨设施、配套生土熟化、土壤培肥、等高沟垄种植等综合治理措施，变“三跑田”为“三保田”。坡地改为梯田，可明显减少和径流速度，增加雨水就地入渗，每亩梯拦蓄地表径流 15～50m^3，一次可拦蓄 100mm 左右的暴雨径流，使作物产量提高 3～4 倍，自然降水利用率提高 10%～20%，利用效率增加 0.1～0.25kg/mm/亩。

2. 地膜覆盖“保水”技术模式

地膜覆盖技术，是利用塑料地膜覆盖地表，实现保水保肥、增温增产的一项栽培技术。地膜覆盖是在作物生长期用地膜覆盖地表，以起到保持水分，提高地温，促进早熟、防止冻害、消除杂草，促进作物生长的多重作用。地膜覆盖因当地的自然条件、作物品种、生产季节和种植习惯，分为行间覆盖、畦作覆盖、垄作覆盖、沟内覆盖等多种形式地膜覆盖，使地表蒸发减少30%以上，自然降水利用率提高20%以上，利用效率增加0.2～0.23kg/mm/亩，平均亩增产粮食60～100kg。

(1) 春玉米地膜覆盖技术

①选地：选择地势平坦，土层深厚，土质疏松，肥力中等以上，保水肥力较强的地块；丘陵地区应选沟坝地和肥力较高、保水性较好的水平梯田。

②整地：前茬作物收获后，灭茬整地。结合秋耕，深施底肥，耕后耙耱。

③播种与覆盖：最好采用机械覆膜，可节省地膜，提高铺膜质量，加快播种速度。

④播种密度：采用宽窄行种植。扩浇地、下湿地，每亩留3 500～4 000株；肥厚旱地，亩留苗3 000～3 500株。

⑤适宜播种期：可比一般露地玉米适当提前。春玉米“W”形膜盖集墒种植技术。

⑥技术内涵：W形地膜覆盖集雨技术，是一项集增温保墒、聚雨增墒、集水补灌于一体的典型的旱作节水技术措施。通过改地膜平盖、垄盖为W形覆盖，在原地膜覆盖增温保墒效应的基础上，又增加了旱地的集水补灌效应和聚雨增墒节水效应，解决了降水与用水在时空分布上的矛盾，实现了旱作节水技术的创新发展。

(2) 技术要点

①选地：选择地势平坦，土层深厚、土质疏松，肥力中等以上，保水保肥能力较强的地块。

②整地：在前茬作物收获后，立即灭茬整地，结合秋耕，深施底肥。

开垄沟，地膜覆盖：春季结合整地用自制铁耙，耙宽100cm，耙齿4个，中间齿间距40cm，两边齿间距20cm，耙齿长12～15cm，开出“W”形沟垄，再用幅宽80cm地膜覆盖，然后留出空当（宽度依作物而定），再开W形沟垄，留空当，依次类推。

③打孔种植：把玉米种子打孔在“W”形沟垄的两个垄沟内，也可打孔移苗于垄沟内。玉米播种行距40cm，穴距33cm，亩留苗3 500～4 000株。

④播种期：“W”形地膜集雨覆盖玉米播种期可比一盘面露地玉米适当提前，在我国北方地区，一般上4月上旬播种。

近年来示范推广了“W膜盖种植技术”，应用作物由蔬菜发展到玉米、谷子、马铃薯等作物，盖膜操作由人工变成了机械化操作。据试验研究，W形地膜覆盖比常规地膜覆盖土壤含水量增加3～5个百分点。特别是在干旱情况下，对春季一次性保捉全苗作用明显。

3. 建设土壤水库“蓄水”模式

营造土壤水库工程，就是通过实施加固地埂，种植生物地埂、深耕深松耙耱、平田整地，培肥土壤及合理轮作等措施，提高土壤蓄水保墒能力。通过土壤水库建设，土壤有机质从1%以下提高到1.5%，雨水入渗增加1倍，蒸发量40%，改土培肥可使作物增产30%～65%。

保护性耕作的主要内容是指依靠作物残茬覆盖地表，尽量减少不必要的田间作业，通过机械化或半机械化耕作措施，达到减少水土流失，充分利用天然降水，提高劳动生产率的目的。目前，国内采用的保护性耕作方式主要有：少耕、深松少耕、深松免耕、旋耕播种等。玉米保护性耕作比传统耕作增产80～100kg/亩，径流量减少60%，蓄水量增加35%，土壤含水量提高1.25%～5.7%，，水分利用率提高25%，利用效率提高0.2～0.3lg/m^3。

玉米秸秆粉碎还田技术

连续多年玉米秸秆粉碎还田的示范田，土壤有机质含量增加0.165个百分点，土壤容重降低0.38g/cm^3，孔隙度提高11.5%，土壤含水提高2~3个百分点，增产15%左右，实现了培肥地力、玉米丰产的目的。

4. 建设旱井（窖）“集水”模式

①修建集雨场：在年降雨量350~400mm的地区，3~6亩的防渗集流面可以集雨灌溉15亩梯田、。

②建设蓄水设施：集流存贮设施有水窖、蓄水池，涝池和小水库等，以水窖为主。一般窖容30~60m^3，与水窖相配套的设施主要有输水沟渠、沉沙地、拦污栅与进水暗管，压力设施和窖口井台等。

③实施补灌：集雨主要为作物需水关键期或旱期的有限抗旱灌溉之用。一般生育期补灌1~2次，每次抗旱补灌10~15m^3/亩。补灌方式有苗期点浇、坐水种、膜孔灌、沟灌等地表灌及滴灌、渗灌等。

④实施效果：一是提高水资源利用率30%~40%；二是减轻旱灾损失，提高粮食产量；三是有利于调整农业种植结构，增加农民收入。

（二）提高灌溉水利用率的技术模式

1. 地面灌溉技术

现阶段适合应用的地面灌溉节水技术很多，如长畦改短畦，宽畦改窄畦，实现园田化小畦灌溉；隔沟灌，细流沟灌；精耕细作，平整土地；覆膜灌溉，坐水点种等。使用水平畦田灌溉、间歇灌溉、闸管灌等节水地面灌溉技术，可提高灌水均匀度，减少灌溉用水量。

2. 低压输水管灌技术

低压管道灌溉技术是以管道代替明渠使灌溉水输入灌溉系统的一种工程形式。井灌区、山区的水泉、小水、小库、塘坝及其他形式的灌区都适用管灌。低压管道输水灌溉最适用于井灌区土地平整的地块。管道合理规划主要根据出水量和输水距离等条件，合理选用适宜的管材、管径和长度。从经济实力和使用寿命考虑，现使用较多的主要有塑料软管和硬管两种。

3. 喷灌和微灌

喷灌和微灌（包括滴灌、微喷灌和涌泉灌）：因地制宜地发展喷灌和微灌。优先选择水源缺乏、实施地面灌溉困难、有天然水头落差的地区推广使用；优先选择经济作物、蔬菜、果树、花卉等高附加值作物推广使用；优先选择经济实力强、农民技术水平较高、适度规模经营、统一种植、统一管理的城市郊区推广使用。

应用效果：地面节水灌溉：普遍节水 20% ~30%，部分可高达 40% ~50%，粮食增产 10% ~15%。

低压输水管灌：水分利用率由漫灌的 40% 提高到 50% ~60%，水分利用率提高 0.1kg/m^3。

喷灌：水分利用率达 70% 以上，水分利用效率提高 0.14kg/m^3。

滴灌；水分利用率达 80% ~90%，水分利用效率达 0.16 ~ 0.18kg/m^3。

4. 水肥一体化技术

水肥一体化技术是将灌溉与施肥融为一体的现代化农业新技术，它以微灌施肥系统为载体，结合地膜覆盖技术，根据作物的需水需肥规律和土壤水分、养分状况，将可溶性固体肥料或液体肥料配兑而成的肥液与灌溉水一起，适时、适量、准确地输送到作物概况土壤供作物吸收。

该技术目前在日光温室蔬菜上应用较普遍。水肥一体化技术具有节水、节肥、节药、省地、省工、增产、提质多种功效。亩节水 60% 以上，节肥 20% 以上，节药 50% 以上，亩节支增收 500 ~ 1 000元。

（三）提高水分生产率的技术模式

1. 优化种植结构

根据不同作物种类和品种的需水特征，合理调整作物布局，在生态脆弱区采取作物种植多样化，提高农田的整体水分利用效率。

2. 高效利用旱地资源

充分利用旱区的光、热资源，提高资源利用效益。太谷示范村镇地干旱缺水的丘陵山区引水上山，依坡修建日光温室2300栋，种植优质高效菜，棚均收入超万元，每方水的产值达25元，是露地栽培的6.5倍。

3. 应用抗旱良种，实施生物节水

挖掘抗旱节水种质资源：重视不同层次上节水耐旱育种的相互关系，讲常规育种与基因工程育种紧密结合起来；加强生物育种的基础研究。

小麦应用抗旱良种，水分利用率提高8%～15%，水分利用效率提高0.9～1.8kg/mm/hm^2；玉米应用抗旱良种，水分利用率提高20%，水分利用效率提高1.8kg/mm/hm^2；谷子应用抗旱良种，水分利用率提高15%左右，水分利用效率提高1.35kg/mm/hm^2；大豆应用抗旱良种，水分利用率提高10%，水分利用效率提高0.9kg/mm/hm^2。

4. 测土配方施肥与抗旱制剂应用，实行化学“调水”

抗旱保水剂拌种一般增产粮食8%左右，降水利用效率提高0.1～0.2kg/m^3。实施测土配方施肥技术，各种作物增产一般在8%～10%。小麦亩增产20～30kg；玉米亩增产40～50kg；谷子13～16kg/hm^2；水分利用效率提高0.1～0.3kg/m^3。

5. 少耕穴灌聚肥节水技术

（1）技术内涵

少耕穴灌聚肥节水技术是通过配置集开穴、灌水、施肥、播种、覆膜为一体的多功能农机具，将少耕免耕、开穴灌水、集中施肥、地膜覆盖、合理密植集于一体，增强作物幼苗抗逆性，避免春季旱、寒等不利农业生产因素的影响，大幅度提高旱地产量的一项农业新技术。

（2）适宜范围

该项技术适应于年降雨量在250～500mm的半干旱地区的稀植作物推广应用，尤其是晋西北，栽培的作物主要以稀植作物为主，如玉米和瓜类等。

（3）技术要点

①少耕免耕：第一年秋收后，留茬原地，不进行任何云消雾散作处理；第二年春播前沿种植带地表撒施有机肥，然后用旋耕机沿种植带旋耕，把有机肥翻入土中。

②开穴灌水：根据种植作物的密度沿种植带开穴，穴直径30cm左右，穴深5～8cm，每穴灌水1.5～2.5kg。

③集中施肥：在灌水穴集中施用专用肥50kg/亩。

④合理密植：大行距70cm，小行距30cm，穴距82cm；玉米每亩开穴800个。在灌水穴周边集中种植，玉米每穴4株。

⑤地膜覆盖：播后沿种植带在灌水穴上铺膜，压实压紧，防止大风吹膜，减少灌水的蒸发和耕后表土的风蚀。

（4）应用效果

少耕穴灌聚肥节水技术目前在晋西北旱作区玉米、瓜类等作物上推广应用，有效地解决了春季干旱捉苗难、土壤瘠薄产量低的问题，取得了显著的增产增收效果。

取得玉米单产翻番、瓜类亩增收348元的成效，水分利用率提高50%以上，降水利用率提高20%，水分利用效率提高0.3～0.5kg/m^3。

第二章　大豆栽培技术

一、概　述

（一）大豆生产在国民经济中的意义

1. 大豆的营养价值

大豆既是蛋白质作物，又是油料作物。大豆子粒约含蛋白质40%、脂肪20%、碳水化合物30%。大豆可加工成多种多样的副食品。大豆营养价值很高，每千克大豆产热量17 207.7kJ。大豆蛋白是我国人民所需蛋白质的主要来源之一，含有人体必需的8种氨基酸，尤其是赖氨酸含量居多，大豆蛋白质是“全价蛋白”。近代医学研究表明，豆油不含胆固醇，吃豆油可预防血管动脉硬化。大豆含丰富的维生素B_1、B_2、烟酸，可预防由于缺乏维生素、烟酸引起的癞皮病、糙皮病、舌炎、唇炎、口角炎等。大豆的碳水化合物主要是乳糖、蔗糖和纤维素，淀粉含量极小，是糖尿病患者的理想食品。大豆还富含多种人体所需的矿物质。

2. 大豆的工业利用

大豆是重要的食品工业原料，可加工成大豆粉、组织蛋白、浓缩蛋白、分离蛋白。大豆蛋白已广泛应用于面食品、烘烤食品、儿童食品、保健食品、调味食品、冷饮食品、快餐食品、肉灌食品等的生产。大豆还是制作油漆、印刷油墨、甘油、人造羊毛、人造纤维、电木、胶合板、胶卷、脂肪酸、卵磷脂等工业产品的原料。

3. 大豆的其他用途

①大豆是重要的饲料作物　豆饼是牲畜和家禽的理想饲料。大豆蛋白质消化率一般比玉米、高粱、燕麦高26%～28%，易被牲畜吸收利用。以大豆或豆饼作饲料，特别适宜猪、家禽等不能大量利用纤维素的单胃动物。大豆秸秆的营养成分高于麦秆、稻草、谷糠等，是牛、羊的好粗饲料。豆秸、豆秕磨碎可以喂猪，嫩植株可作青饲料。

②大豆在作物轮作制中占有重要的地位，大豆根瘤菌能固定空气中游离氮素，在作物轮作制中适当安排种植大豆，可以把用地养地结合起来，维持地力，使连年各季均衡增产。用根瘤菌固定空气中的氮素，既可节约生产化肥的能源消耗，又可减少化肥对环境的污染。

（二）大豆的起源和分布

1. 大豆的起源

大豆起源于我国，已为世界所公认。我国商代甲骨文中已有“大豆”。汉代司马迁（公元前145年至前93年）在其编撰的《史记》中即提及轩辕黄帝时“艺五种”（黍稷菽麦稻），菽就是大豆。成书于春秋时代的《诗经》中有“中原有菽，庶民采之”，“五月烹葵及菽”等描述。在考古发掘中也发现了古代的大豆。1959年山西省侯马县发掘出多颗大豆粒，经^{14}C测定，距今已有2 300年，系战国时代的遗物。栽培大豆究竟起源于我国何地呢？对此，学者们有不同的看法。吕世霖（1963）指出，古代劳动人民的生产活动是形成栽培大豆的关键，并提出栽培大豆起源于我国的几个地区。王金陵等（1973）也认为，大豆在我国的起源中心不止一个，而是多源的。徐豹等（1986）比较研究了野生大豆和栽培大豆对昼夜变温和光周期的反应，证实北纬35°的野生大豆与栽培大豆之间的差别最小；品质化学分析结果也表明，我国北纬34°～35°地带野生大豆与栽培大豆的蛋白质含量最为接近；种子蛋白质的电泳分析又证明，胰蛋白酶抑制剂Tai等位基因的频率，栽培大豆为

100%，而野生大豆中只有来源于北纬32°～37°者才是100%与栽培大豆相同。基于以上三点，说明大豆应起源于黄河流域。

2. 我国大豆的分布和种植区划

大豆品种经我国劳动人民长期的驯化培育，目前，除在高寒地区>10℃年活动积温在1 900℃以下或降水量在250mm以下无灌溉条件地区不能种植外，凡有农耕的地方几乎都有大豆的种植，尤以黄淮海平原和松辽平原最为集中，东北的黑、吉、辽三省和华北及豫、鲁、皖、苏、冀等地，长期以来是我国大豆的生产中心。生产较集中的还有陕、晋两省，甘肃省河套灌区、长江流域下游地区、钱塘江下游地区、江汉平原、鄱阳湖和洞庭湖平原、闽粤沿海、台湾西南平原等。

我国大豆分布很广，从黑龙江边到海南岛，从山东半岛到新疆伊犁盆地均有大豆栽培。根据自然条件、耕作栽培制度，我国大豆产区可划分为5个栽培区。

（1）北方一年一熟春大豆区

本区包括东北各省，内蒙古自治区及陕西、山西、河北三省的北部，甘肃大部，青海东北和新疆维吾尔自治区部分地区。该区可进一步划分为如下4个副区。

①东北春大豆区：是我国最主要的大豆产区，集中分布在松花江和辽河流域的平原地带。东北大豆，产量高、品质好，在国际上享有很高的声誉。

②华北春大豆区：包括河北中北部，山西中部和东南部以及陕西渭北等地区。华北春大豆区的范围大体上与晚熟冬麦区相吻合，当地以两年三熟制为主。

③西北黄土高原春大豆区：包括河北、山西、陕西三省北部以及内蒙古自治区、宁夏回族自治区、甘肃、青海。这一地区气候寒冷，土质瘠薄，大豆品种类型为中、小粒，椭圆形黑豆或黄豆。

④西北春大豆灌溉区：包括新疆维吾尔自治区和甘肃部分地区。年降雨量少，土壤蒸发量大，种植大豆必须灌溉。由于目光充

足又有人工灌溉条件，单位面积产量较高，百粒重也高。

（2）黄淮流域夏大豆区

本区包括山东、河南两省，河北省南部、江苏省北部、安徽省北部、关中平原、甘肃省南部和山西省南部、北临春大豆区，南以淮河、秦岭为界。黄淮夏大豆区又可划分为两个副区。

①黄淮平原夏大豆区。包括河北省南部、山东省全部，江苏省、安徽省北部，河南东部。当地实行两年三熟或一年两熟。夏大豆一般于6月中旬播种，9月下旬至10月初收获。生长期短，需采用中熟或早熟品种。

②黄河中游夏大豆区。包括河南西部、山西南部、关中和陇东地区。本地区气候条件与黄淮平原相似，只是年雨量较少。小粒椭圆品种居多，另有部分黑豆。

（3）长江流域夏大豆区

本区包括河南省南部，汉中南部，江苏省南部，安徽省南部，浙江省西北部江西省北部，湖南省，湖北省，四川省大部，广西省、云南省北部。当地生长期长，一年两熟，品种类型繁多。以夏大豆为主，但也有春大豆和秋大豆。

（4）长江以南秋大豆区

本区包括湖南省、广东省东部，江西省中部和福建大部。当地生长期长，日照短，气温高。大豆一般在8月早中稻收后播种，11月收获。

（5）南方大豆两熟区

包括广东省、广西壮族自治区、云南省南部。气温高，终年无霜，日照短。在当地栽培制度中，大豆有时春播，有时夏播，个别地区冬季仍能种植。11月播种，次年3～4月收获。

二、大豆栽培的生物学基础

（一）大豆的形态特征

1. 根和根瘤

（1）根

大豆根系由主根、支根、根毛组成。初生根由胚根发育而成，并进一步发育成主根。支根在发芽后3～7天出现，根的生长一直延续到地上部分不再增长为止。在耕层深厚的土壤条件下，大豆根系发达，根量的80%集中在5～20cm土层内，主根在地表下10cm以内比较粗壮，愈向下愈细，几乎与支根很难分辨，入土深度可达60～80cm。支根是从主根中柱鞘分生出来的。一次支根先向四周水平伸展，远达30～40cm，然后向下垂直生长。一次支根还再分生2～3次支根。根毛是幼根表皮细胞外壁向外突出而形成的。根毛寿命短暂，大约几天更新一次。根毛密生使根具有巨大的吸收表面（一株约$100m^2$）。

（2）根瘤

在大豆根生长过程中，土壤中原有的根瘤菌沿根毛或表皮细胞侵入，在被侵入的细胞内形成感染线，根瘤菌进入感染线中，感染线逐渐伸长，直达内皮层，根菌瘤也随之进入内皮层。在内皮层根菌瘤的后产物诱发细胞进行分裂，形成根瘤的原基。大约在侵入后1周，根瘤向表皮方向隆起，侵入后2周左右，皮层的最外层形成了根瘤的表皮，皮层的第二层成为根瘤的形成层，接着根瘤的周皮、厚壁组织层及维管束也相继分化出来。根瘤菌在根瘤中变成类菌体。根瘤细胞内形成豆血红蛋白，根瘤内部呈红色，此时根瘤开始具固氮能力。

（3）固氮

类菌体具有固氮酶。固氮过程的第一步是由钼铁蛋白及铁蛋白组成的固氮酶系统吸收分子氮。氮（N_2）被吸收后，两个氮原子之间的三价键被破坏，然后被氢化合成 NH_3。NH_3 与 α 一酮戊二酸结合成谷氨酸，并以这种形态参与代谢过程。大豆植株与根瘤菌之间是共生关系。大豆供给根瘤糖类，根瘤菌供给寄主氨基酸。有人估计，大豆光合产物的12%左右被根瘤菌所消耗。对于大豆根瘤固氮数量的估计差异很大。张宏等根据结瘤、不结瘤等位基因系的比较，用 ^{15}N 同位素等手段测得，一季大豆根瘤菌共生固氮数量为 96.75kg/hm^2。这一数量为一季大豆需氮量的 59.64%。一般地说，根瘤菌所固定的氮可供大豆一生需氮量的 1/2～3/4。这说明，共生固氮是大豆的重要氮源，然而单靠根瘤菌固氮不能满足其需要。据研究，当幼苗第一对真叶时，已可能结根瘤，2 周以后开始固氮。植物生长早期固氮较少，自开花后迅速增长，开花至子粒形成阶段固氮最多，约占总固氮量的 80%，在接近成熟时固氮量下降。关于有效固氮作用能维持多久，目前，尚无定论。大豆鼓粒期以后，大量养分向繁殖器官输送，因而使根瘤菌的活动受到抑制。

2. 茎

大豆的茎包括主茎和分枝。茎发源于种子中的胚轴。下胚轴末端与极小的根原始体相连；上胚轴很短，带有两片胚芽、第一片三出复叶原基和茎尖。在营养生长期间，茎尖形成叶原始体和腋芽，一些腋芽后来长成主茎上的第一级分枝。第二级分枝比较少见。大豆栽培品种有明显的主茎。主茎高度在 50～100cm，矮者只有 30cm，高者可达 150cm。茎粗变化较大，直径在 6～15mm。主茎般有 12～20 节，但有的晚熟品种多达 30 节，有的早熟品种仅有 8～9 节。

大豆幼茎有绿色与紫色两种。绿茎开白花，紫茎开紫花。茎上生茸毛，灰白或棕色，茸毛多少和长短因品种而异。

大豆茎的形态特点与产量高低有很大的关系。据吉林省农业科学院研究，株高与产量的相关系数 r = 0.8304，茎粗与产量的相关系数 r = 0.5161。对亚有限品种来说，株高与茎粗的比值在 80～120 产量稳定。主茎节数与产量相关也颇显著。有资料表明，单株平均节间长度达5cm，是倒伏的临界长度。

按主茎生长形态，大豆可概分为蔓生型、半直立型、直立型。栽培品种均属于直立型。大豆主茎基部节的腋芽常分化为分枝，多者可达10个以上，少者1~2个或不分枝。分枝与主茎所成角度的大小、分枝的多少及强弱决定着大豆栽培品种的株型，按分枝与主茎所成角度大小，可分为张开、半张开和收敛3种类型。按分枝的多少、强弱，又可将株型分为主茎型、中间型、分枝型3种。

3. 叶

大豆叶有子叶、单叶、复叶之分。子叶（豆瓣）出土后，展开，经阳光照射即出现叶绿素，可进行光合作用。在出苗后10~15天内，子叶所贮藏的营养物质和自身的光合产物对幼苗的生长是很重要的。子叶展开后约3天，随着上胚轴伸长，第二节上先出现2片单叶，第三节上出生一片三出复叶。

大豆复叶由托叶、叶柄和小叶三部分组成。托叶一对，小而狭，位于叶柄和茎相连处两侧，有保护腋芽的作用。大豆植株不同节位上的叶柄长度不等，这对于复叶镶嵌和合理利用光能有利。大豆复叶的各个小叶以及幼嫩的叶柄能够随日照而转向。大豆小叶的形状、大小因品种而异。叶形可分为椭圆形、卵圆形、披针形和心脏形等。有的品种的叶片形状、大小不一，属变叶型。叶片寿命30~70天不等，下部叶变黄脱落较早，寿命最短；上部叶寿命也比较短，因出现晚却又随植株成熟而枯死；中部叶寿命最长。

除前面提及的子叶、复叶外，在分枝基部两侧和花序基部两侧各有一对极小的尖叶，称为前叶，已失去叶的功能。

4. 花和花序

大豆的花序着生在叶腋间或茎顶端，为总状花序。一个花序上的花朵通常是簇生的，俗称花簇。每朵花由苞片、花萼、花冠、雄蕊和雌蕊构成。苞片有两个，很小，呈管形。苞片上有茸毛，有保护花芽的作用。花萼位于苞片的上方，下部联合呈杯状，上部开裂为5片，色绿，着生茸毛。花冠为蝴蝶形，位于花萼内部，由5个花瓣组成。5个花瓣中上面一个大的叫旗瓣，旗瓣两侧有两个形状和大小相同的翼瓣；最下面的两瓣基部相连，弯曲，形似小舟，叫龙骨瓣。花冠的颜色分白色、紫色两种。雄蕊共10枚，其中，9枚的花丝连呈管状，1枚分离，花药着生在花丝的顶端，开花时，花丝伸长向前弯曲，花药裂开，花粉散出。一朵花的花粉约有5 000粒。雌蕊包括柱头、花柱和子房三部分。柱头为球形，在花柱顶端，花柱下方为子房，内含胚珠1~4个，个别的有5个，以2~3个居多。

大豆是自花授粉作物，花朵开放前即完成授粉，天然杂交率不到%。花序的主轴称花轴。大豆花轴的长短、花轴上花朵的多少因品种而异，也受气候和栽培条件的影响。花轴短者不足3cm，长者在10cm以上。现有品种中花序有的长达30cm。

5. 荚和种子

大豆荚由子房发育而成。荚的表皮被茸毛，个别品种无茸毛。荚色有黄、灰褐、褐、深褐以及黑等色。豆荚形状分直形、弯镰形和弯曲程度不同的中间形。有的品种在成熟时沿荚果的背腹缝自行开裂（炸裂）。

大豆荚粒数各品种有一定的稳定性。栽培品种每荚多含2~3粒种子。荚粒数与叶形有一定的相关性。有的披针形叶大豆，4粒荚的比例很大，也有少数5粒荚；卵圆形叶、长卵圆形叶品种以2~3粒荚为多。

成熟的豆荚中常有发育不全的子粒，或者只有一个小薄片，通称秕粒。秕粒率常在15%~40%。秕粒发生的原因是，受精后结合子未得到足够的营养。一般先受精的先发育，粒饱满；后受精的后发育，常成秕粒。在同一个荚内，先豆由于先受精，养分供应好于中豆、基豆，故先豆饱满，而基豆则常常瘦秕。开花结荚期间，阴雨连绵，天气干旱均会造成秕粒。鼓粒期间改善水分、养分和光照条件有助于克服秕粒。

种子形状可分为圆形、卵圆形、长卵圆形、扁圆形等。种子大小通常以百粒重表示。百粒重5g以下为极小粒种，5~9.9g为小粒种，10~14.9g为中小粒种，15~19.9g为中粒种，20~24.9g为中大粒种，25~29.9g为大粒种，30g以上为特大粒种。子粒大小与品种和环境条件有关。东北大豆引到新疆维吾尔自治区种植，其百粒重可增加2g左右。种皮颜色与种皮栅栏组织细胞所含色素有关。可分为黄色、青色、褐色、黑色及双色五种，以黄色居多。种脐是种子脱离珠柄后在种皮上留下的疤痕。在种脐的靠近下胚轴的一端有珠孔，当发芽时，胚根由此出生；另一端是合点，是珠柄维管束与种脉连接处的痕迹。脐色的变化可由无色、淡褐、褐、深褐到黑色。圆粒、种皮金黄色、有光泽、脐无色或淡褐色的大豆最受市场欢迎：但脐色与含油量无关。

种皮共分三层：表皮、下表皮和内薄壁细胞层。由于角质化的栅栏细胞实际上是不透空气的，种脐区（脐间裂缝和珠孔）成为胚和外界之间空气交换的主要通道。

胚由两片子叶、胚芽和胚轴组成。子叶肥厚，富含蛋白质和油分，是幼苗生长初期的养分来源。胚芽具有一对已发育成的初生单叶。胚芽的下部为胚轴。胚轴末端为胚根。有的大豆品种种皮不健全，有裂缝，甚至裂成网状，致使种子部分外露。气候干旱或成熟后期遇雨也常造成种皮破裂。有的籽粒不易吸水膨胀，变成“硬粒”，是由于种皮栅栏组织外面的透明带含有蜡质或栅栏组织细胞壁硬化。土壤中钙质多，种子成熟期间天气干燥往往使硬粒增多。

（二）大豆的类型

1. 大豆的结荚习性

大豆的结荚习性一般可分为无限、有限和亚有限3种类型。基本上是前两种类型。

（1）无限结荚习性

具有这种结荚习性的大豆茎秆尖削，始花期早，开花期长。主茎中、下部的腋芽首先分化开花，然后向上依次陆续分化开花。始花后，茎继续伸长，叶继续产生。如环境条件适宜，茎可生长很高。主茎与分枝顶部叶小，着荚分散，基部荚不多，顶端只有 1 ~ 2 个小荚，多数荚在植株的中部、中下部，每节一般着生 2 ~ 5 个荚。这种类型的大豆，营养生长和生殖生长并进的时间较长。

（2）有限结荚习性

这种结荚习性的大豆一般始花期较晚，当主茎生长不久，才在茎的中上部开始开花，然后向上、向下逐步开花，花期集中。当主茎顶端出现一簇花后，茎的生长终结。茎秆不那么尖削。顶部叶大，不利于透光。由于茎生长停止，顶端花簇能够得到较多的营养物质，常形成数个荚聚集的荚簇，或成串簇。这种类型的大豆，营养生长和生殖生长并进的时间较短。

（3）亚有限结荚习性

这种结荚习性介乎以上两种习性之间而偏于无限习性。主茎较发达。开花顺序由下而上。主茎结荚较多，顶端有几个荚。

大豆结荚习性不同的主要原因在于大豆茎秆顶端花芽分化时个体发育的株龄不同。顶芽分化时若值植株旺盛生长时期，即形成有限结荚习性，顶端叶大、花多、荚多。否则，当顶芽分化时植株已处于老龄阶段，则形成无限结荚习性，顶端叶小、花稀、荚也少。

大豆的结荚习性是重要生态性状，在地理分布上有着明显的规律性和地域性。从全国范围看，南方雨水多，生长季节长，有限品种多；北方雨水少，生长季节短，无限性品种多。从一个地区看，雨量充沛、土壤肥沃，宜种有限性品种；干旱少雨、土质瘠薄，宜种无限性品种。雨量较多、肥力中等，可选用亚有限性品种。当然，这也并不是绝对的。

2. 大豆的栽培类型

栽培大豆除了按结荚习性进行分类外，还有如下几种分类法。

大豆种皮颜色有黄、青（绿）、黑、褐色及双色等。子叶有黄色和绿色之分。粒形有圆、椭圆、长椭圆、扁椭圆、肾状等。成熟荚的颜色由极淡的褐色至黑色。茸毛有灰色、棕黄两种，少数荚皮是无色的。大豆子粒按大小可分为7级。

若以播种期进行分类，我国大豆可分作春大豆型、黄淮海夏大豆型、南方夏大豆型和秋大豆型。

(1) 春大豆型

北方春大豆型于4~5月播种，约9月成熟，黄淮海春大豆型在4月下旬至5月初播种，8月末至9月初成熟；长江春大豆型在3月底至4月初播种，7月间成熟；南方春大豆型在2月至3月上旬播种，多于6月中旬成熟。春大豆短日照性较弱。

(2) 黄淮海夏大豆型

于麦收后6月间播种，9月至10月初成熟。短日照性中等。

(3) 南方夏大豆型

一般在5月至6月初麦收或其他冬播作物收后播种，9月底至10月成熟。短日照性强。

(4) 秋大豆型

7月底至8月初播种，11月上、中旬成熟。短日照极强。

(三) 大豆的生长发育

1. 大豆的一生

大豆的生育期通常是指从出苗到成熟所经历的天数。实际上，大豆的一生指的是从种子萌发开始，经历出苗、幼苗生长、花芽分化、开花结荚、鼓粒，直至新种子成熟的全过程。

(1) 种子的萌发和出苗

大豆种子在土壤水分和通风条件适宜，播种层温度稳定在10℃时，种子即可发芽。大豆种子发芽需要吸收相当于本身重量120%~140%的水分。种子发芽时，胚高度接近成株高度前根先伸入土中，子叶出土之前，幼茎顶端生长锥已形成3~4个复叶、节和节间的原始体。随着下胚轴伸长，子叶带着幼芽拱出地面。子叶出土即为出苗。

(2) 幼苗生长

子叶出土展开后，幼茎继续伸长，经过4~5天，一对原始真叶展开，这时幼苗已具有两个节，并形成了第一个节间。

从原始真叶展开到第一复叶展平大约需 10 天。此后，每隔 3 ~ 4 天出现一片复叶，腋芽也跟着分化。主茎下部节位的腋芽多为枝芽，条件适合即形成分枝。中、上部腋芽一般都是花芽，长成花簇。出苗到分枝出现，叫做幼苗期。幼苗期根系比地上部分生长快。

（3）花芽分化

大豆花芽分化的迟早，因品种而异。早熟品种较早，晚熟品种较迟；无限性品种较早，有限性品种较迟。据原哈尔滨师范学院在当地对无限性品种黑农 11 的观察。5 月 8 日播种，26 日出苗，出苗后 18 天，当第一复叶展开、第二复叶未完全展开、第三片复叶尚小时，在第二、三复叶的腋部已见到花芽原始体。另据原山西农学院对有限品种太谷黄豆的观察，5 月 4 日播种，12 日出苗，出苗后 45 天，当第七复叶出现时，花芽开始分化。大豆花芽分化可分花芽原基形成期、花萼分化期、花瓣分化期、雄蕊分化期、雌蕊分化期以及胚珠花药、柱头形成期。最初，出现半球状花芽原始体，接着在原始体的前面发生萼片，继而在两旁和后面也出现萼片，形成萼筒。花萼原基出现是大豆植株由营养生长进入生殖生长的形态学标志。然后，相继分化出极小的龙骨瓣、翼瓣、旗瓣原始体。跟着雄蕊原始体呈环状顺次分化，同时，心皮也开始分化。在 10 枚雄蕊中央，雌蕊分化，胚珠原始体出现，花药原始体也同时分化。花器官逐渐长大，形成花蕾。随后，雄、雌蕊的生殖细胞连续分裂，花粉及胚囊形成。最后，花开放。

从花芽开始分化到花开放，称为花芽分化期，一般为 25 ~ 30 天。因此，在开花前一个月内环境条件的好坏与花芽分化的多少及正常与否有密切的关系。从这时起，营养生长和生殖生长并进，根系发育旺盛，茎叶生长加快，花芽相继分化。花朵陆续开放。

（4）开花结荚

从大豆花蕾膨大到花朵开放需 3 ~ 4 天。每天开花时刻，一般从6:00开始开花，8:00～10:00最盛，下午开花甚少。在同一地点，开花时刻又因气候情况而错前错后。

花朵开放前，雄蕊的花药已裂开，花粉粒在柱头上发芽。花粉管在向花柱组织内部伸长的过程中，雄核一分为二，变成两个精核，从授粉到双受精只需8～10小时。授粉后约1天，受精卵开始分裂。最初二次分裂形成的上位细胞将来发育成胚，下位细胞发育成胚根原和胚柄。受精后第一周左右胚乳细胞开始分化，接着，子叶分化。第二周，子叶继续生长，胚轴、胚根开始发育，胚乳开始被吸收，2片初生叶原基分化形成。第三周，种子内部为子叶所充满，胚乳只剩下一层糊粉层、2～3层胚乳细胞层。子叶的细胞内出现线粒体、脂质颗粒、蛋白质颗粒。第四周，子叶长到最大，此后，复叶叶原基分化形成。

花冠在花粉粒发育后开放，约两天后凋萎。随后，子房逐渐膨大，幼荚形成（拉板）开始。头几天，荚发育缓慢，从第五天起迅速伸长，大约经过10天，长度达到最大值。荚达到最大宽度和厚度的时间较迟。嫩荚长度日增长约4mm，最多达8mm。

从始花到终花为开花期。有限性品种单株自始花到终花约20天；无限性品种花期长达30～40天或更长。从幼荚出现到拉板（形容豆荚伸长、加宽的过程）完成为结荚期。由于大豆开花和结荚是交错的，所以，又将这两个时期称开花结荚期。在这个时期内，营养器官和生殖器官之间对光合产物竞争比较激烈，无限性品种尤其如此。开花结荚期是大豆一生中需要养分、水分最多的时期。

（5）鼓粒成熟

大豆从开花结荚到鼓粒阶段，无明显的界限。在田间调查记载时，把豆荚中子粒显著突起的植株达50%以上的日期称为鼓粒期。在荚皮发育的同时，其中，种皮已形成；荚皮近长成后，豆粒才鼓起。种子的干物质积累，大约在开花后一周内增加缓慢，以后的一周增加很快，大部分干物质是在这以后的大约三个星期内积累的。

每粒种子平均每天可增重 6～7mg，多者达 8mg 以上。荚的重量大约在第 7 周达到最大值。当种子变圆，完全变硬，最终呈现本品种的固有形状和色泽，即为成熟。

2. 大豆生育期和生育时期

（1）我国大豆的生育时期划分

大豆品种的生育期是指从出苗到成熟所经历的天数。而大豆的生育时期是指大豆一生中其外部形态特征出现显著变化的若干时期，在我国一般划分为 6 个生育时期：播种期、出苗期、开花期、结荚期、鼓粒期、成熟期。

（2）国际上比较通用的大豆生育时期划分

关于大豆生育时期，国际上比较通用的是费尔（Water R. Fehr）等的划分方法，这种方法根据大豆的植株形态表现记载生育时期。

费尔等将大豆的一生分为营养生长时期和生殖生长时期。在营养生长阶段，VE 表示出苗期，即子叶露出土面；'Vc—子叶期—真叶叶片未展开，但叶缘已分离；V1—真叶全展期；V2—第一复叶展开期……Vn，—第 n～1 个复叶展开期。

在生殖生长阶段，R1—开花始期，主茎任一节上开一朵花；R2—开花盛期；R3—结荚始期，主茎上最上部 4 个全展复叶节中任一节上一个荚长 5mm；R4—结荚盛期；R5—鼓粒始期，主茎上最上部 4 个全展复叶节中任一节上一个荚中的子实长达 3mm；R6—鼓粒盛期；R7—成熟始期，主茎上有一个荚达到成熟颜色；R8—成熟期，全株 95% 的荚达到成熟颜色，在干燥天气下，在 R9 时期后 5～10 天子粒含水量可降至 15% 以下。

三、大豆对环境条件的要求

（一）大豆对气象因子的要求

1. 光照

（1）光照强度

大豆是喜光作物，光饱和点一般在30 000～40 000lx。有的测定结果达到60 000lx）（杨文杰，1983）。大豆的光饱和点是随着通风状况而变化的。当叶片通气量为1～1.5L/（cm^2/小时），光饱和点为25 000～34 000lx，而通气量为1.92～2.83L/（cm^2/小时）时，则光饱和点升为31 000～44 700lx。大豆的光补偿点为2 540～3 690lx（张荣贵等，1980）。光补偿点也受通气量的影响。在低通气量下，光补偿点测定值偏高；在高通气量下，光补偿点测定值偏低。需要指出的是，上述这些测定数据都是在单株叶上测得的，不能据此而得出“大豆植株是耐阴的”的结论。在田间条件下，大豆群体冠层所接受的光强是不均匀。据沈阳农业大学1981年8月11日的测定结果，晴天的中午，大豆群体冠层顶部的光强为126 000lx，株高2/3处为2 200～9 000lx，株高1/3处为800～1 600lx。由此可见，大豆群体中、下层光照不足。这里的叶片主要依靠散射光进行光合作用。

（2）日照长度

大豆属于对日照长度反应极度敏感的作物。据报道，即使极微弱的月光（约相当于日光的1/465 000）对大豆开花也有影响。不接受月光照射的植株比经照射的植株早开花2～3天。大豆开花结实要求较长的黑夜和较短的白天。严格说来，每个大豆品种都有对生长发育适宜的日照长度。只要日照长度比适宜的日照长度长，大豆植株即延迟开花；反之，则开花提早。

应当指出，大豆对短日照要求是有限度的，绝非愈短愈好。一般品种每日12小时的光照即可促进开花抑制生长；9小时光照对部分品种仍有促进开花的作用。当每日光照缩短为6小时，则营养生重长和生殖生长均受到抑制。大豆结实器官发生和形成，要求短日照条件，不过早熟品种的短日照性弱，晚熟品种的短日照性强。在大豆生长发育过程中，对短日照的要求有转折时期：一个是花萼原基出现期；另一个是雌雄性配子细胞分化期。前者决定能不能从营养生长转向生殖生长，后者决定结实器官能不能正常形成。

短日照只是从营养生长向生殖生长转化的条件，并非一生生长发育所必需。认识了大豆的光周期特性，对于种植大豆是有意义的。同纬度地区之间引种大豆品种容易成功，低纬度地区大豆品种向高纬度地区引种，生育期延迟，秋霜前一般不能成熟。反之，高纬度地区大豆品种向低纬度地区引种，生育期缩短，只适于作为夏播品种利用。例如，黑龙江省的春大豆，在辽宁省可夏播。

2. 温度

大豆是喜温作物。不同品种在全生育期内所需要的≥10℃的活动积温相差很大。晚熟品种要求3 200℃以上，而夏播早熟品种要求1 600℃左右。同一品种，随着播种期的延迟，所要求的活动积温也随之减少。春季，当播种层的地温稳定在10℃以上时，大豆种子开始萌芽。夏季，气温平均在24～26℃，对大豆植株的生长发育最为适宜。当温度低于14℃时，生长停滞。秋季，白天温暖，晚间凉爽，但不寒冷，有利于同化产物的积累和鼓粒。

大豆不耐高温，温度超过40℃，着荚率减少57%～71%。北方春播大豆在苗期常受低温危害，温度不低于－4℃，大豆幼苗受害轻微，温度在－5℃以下，幼苗可能被冻死。大豆幼苗的补偿能力较强，霜冻过后，只要子叶未死，子叶节还会出现分枝，继续生长。大豆开花期抗寒力最弱，温度短时间降至－0.5℃，花朵开始受害，－1℃时死亡；温度在－2℃，植株即死亡，未成熟的荚在－2.5℃时受害。成熟期植株死亡的临界温度是－3℃。秋季，短时间的初霜虽能将叶片冻死，但随着气温的回升，子粒重仍继续增加。

3. 降水

大豆产量高低与降水量多少有密切的关系。东北春大豆区，大豆生育期间（5～9月）的降水量在600mm左右，大豆产量最高，500mm次之，降水量超过700mm或低于400mm，均造成减产。在温度正常的条件下，5月、6月、7月、8月、9月份的降水量（mm）分别为65mm、125mm、190mm、105mm、60mm，对大豆来说是“理想降水量”。偏离了这一数量，不论是多或是少，均对大豆生长发育不利，导致减产。

黄淮海流域夏大豆区，6～9月的降水量若在435mm以上，可以满足夏大豆的要求。据多点多年的统计资料，播种期（6月上、中旬）降水量少于30mm常是限制适时播种的主要因素。夏大豆鼓粒最快的9月上、中旬降水量多在30mm以下，即水分保证率不高是影响产量的重要原因。在以上两个时期若能遇旱灌水，则可保证大豆需水，提高产量。

（二）大豆对土壤条件的要求

1. 土壤有机质、质地和酸碱度

大豆对土壤条件的要求不很严格。土层深厚、有机质含量丰富的土壤，最适于大豆生长。大豆比较耐瘠薄，但是在瘠薄地种植大豆或者在不施有机肥的条件下种植大豆，从经营上说是不经济的。大豆对土壤质地的适应性较强。沙质土、沙壤土、壤土、黏壤土乃至黏土，均可种植大豆，当然以壤土最为适宜。大豆要求中性土壤，pH值宜在6.5～7.5。pH值低于6.0的酸性土往往缺钼，也不利于根瘤菌的繁殖和发育。pH值高于7.5的土壤往往缺铁、锰。大豆不耐盐碱，总盐量$<0.18\%$，NaCI$<0.03\%$，植株生育正常，总盐量$>0.60\%$，NaCI$>0.06\%$，植株死亡。

2. 土壤的矿质营养

大豆需要矿质营养的种类全，且数量多。大豆根系从土壤中吸收氮、磷、钾、钙、镁、硫、氯、铁、锰、锌、铜、硼、钼、钴等10余种营养元素。

氮素是蛋白质的主要组成元素。长成的大豆植株的平均含氮量2%左右。苗期，当子叶所含的氮素已经耗尽而根瘤菌的固氮作用尚未充分发挥的时间里，会暂时出现幼苗的“氮素饥饿”。因此，播种时施用一定数量的氮肥如硫酸铵或尿素，或氮磷复合肥如磷酸二铵，可起到补充氮素的作用。大豆鼓粒期间，根瘤菌的固氮能力已经衰弱，也会出现缺氮现象，进行花期追施或叶面喷施氮肥，可满足植株对氮素的需求。

磷素被用来形成核蛋白和其他磷化合物在能量传递和利用过程中，也有磷酸参与。长成植株地上部分的平均含磷量为0.25%～0.45%。大豆吸磷的动态与干物质积累动态基本相符，吸磷高峰期正值开花结荚期。磷肥一般在播种前或播种时施入。只要大豆植株前期吸收了较充足的磷，即使盛花期之后不再供应，也不致严重影响产量。因为磷在大豆植株内能够移动或再度被利用。

钾在活跃生长的芽、幼叶、根尖中居多。钾和磷配合可加速物质转化，可促进糖、蛋白质、脂肪的合成和贮存。大豆植株的适宜含钾范围很大，在1.0%～4.0%。大豆生育前期吸收钾的速度比氮、磷快，比钙、镁也快。结荚期之后，钾的吸收速度减慢。

大豆长成植株的含钙量为2.23%。从大豆生长发育的早期开始，对钙的吸收量不断增长，在生育中期达到最高值，后来又逐渐下降。大豆植株对微量元素的需要量极少。各种微量元素在大豆植株中的百分含量为：镁0.97、硫0.69、氯0.28、铁0.05、锰0.02、锌0.006、铜0.003、硼0.003、钼0.0003、钴0.0014（Ohlrogge，1966）。由于多数微量元素的需要量极少，加之多数土壤尚可满足大豆的需要，常被忽视。近些年来，有关试验已证明，为大豆补充微量元素收到了良好的增产效果。

3. 土壤水分

大豆需水较多。据许多学者的研究，形成1g大豆干物质需水580～744g。大豆不同生育时期对土壤水分的要求是不同的。发芽时，要求水分充足，土壤含水量20%～24%较适宜。幼苗期比较耐旱，此时土壤水分略少一些，有利于根系深扎。开花期，植株生长旺盛，需水量大，要求土壤相当湿润。结荚鼓粒期，干物质积累加快，此时要求充足的土壤水分。如果墒情不好，会造成幼荚脱落，或导致荚粒干瘪。

土壤水分过多对大豆的生长发育也是不利的。据原华东农业科学研究所（1958）调查，大豆植株浸水2~3昼夜，水温无变化，水退之后尚能继续生长。如渍水的同时又遇高温，则植株会大量死亡。

不同大豆品种的耐旱、耐涝程度不同。例如，秣食豆，小粒黑豆、棕毛小粒黄豆等类型有较强的耐旱性。

四、大豆的产量形成和品质

（一）大豆的产量形成

1. 大豆产量构成因素

大豆的子粒产量是单位面积的株数、每株荚数、每荚粒数、每粒重的乘积，即：子粒产量（kg/hm^2） = ［每公顷株数×每株荚数×每荚粒数×每粒重（g）］/1 000产量构成因素中任何一个因素发生变化都会引起产量的增减。理想的产量构成是4个产量构成因素同时增长。这4个产量构成因素相互制约，在同一品种中，将荚多、每荚粒数多、粒大等优点结合在一起比较困难。尽管如此，许多大面积高产典型都证明，大豆要高产必须产量构成因素协调发展，只顾某一个或两个产量构成因秦发展的措施，都不会获得预期高额子粒产量。

大豆品种间的株型不同，对营养面积的要求各异，因此，适宜种植密度也不一致。单株生长繁茂、叶片圆而大、分枝多且角度大的品种，一般不适于密植，主要靠增加每株荚数来增产。株型收敛、叶片窄而小、分枝少且角度小的品种，一般适于密植，通常靠株数多来提高产量。

对同一个大豆品种来说，在子粒产量的四个构成因素中，单位面积株数在一定肥力和栽培条件下有其适宜的幅度，伸缩性不大。每荚粒数和百粒重在遗传上是比较稳定的。唯有每株荚数是变异较大的因素。国内外研究结果证实，单株荚数与产量相关显著。单株荚数受有效节数、分枝数等的制约，因此，大豆要获得高产，必须增加有效节数，协调好主茎与分枝的关系。

总之，要根据不同大豆品种产量构成因素的特点，发挥主导因素的增产作用，克服次要因素对增产的限制，在一定的肥力、栽培水平上，协调各产量因素的关系，做到合理密植、结荚多、秕粒少、子粒饱满，才能发挥大豆品种的生产潜力，提高子粒产量。

2. 光合产物的积累与分配

（1）大豆的光合作用

①光合速率：大豆作为典型的C3作物，光合速率比较低。不同品种之间，在光合速率上有较大的区别。光合速率（CO_2）最低者为11mg/（dm^2/小时），最高者为40mg/（dm^2/小时），平均为24.4mg/（dm^2/小时）。光合速率（CO_2）其变异幅度在25.5～38.18mg/（dm^2/小时）。在饱和光强、适宜温度条件下，高光效大豆品种和高产品种的光合速率存在明显差异。高光效品种的光合速率大手高产品种。研究结果证明，大豆的光合速率高峰出现在结荚鼓粒期。就一个单叶而言，从小叶展平后，随着叶面积扩大，光合速率增大，叶面积达到最大以后一周内，同化能力达到最大值，以后又逐渐下降。在1天之中，早晨和傍晚光合速率低，中午最高，并持续几个小时。国内外的许多研究者都指出，在作物叶片的光合速率和作物产量之间不存在稳定的和恒定的相关性。

②光呼吸：大豆的光呼吸速率比较高。由光合作用固定下来的二氧化碳有25%～50%又被光呼吸作用所消耗。大豆光呼吸速率（CO_2）在4.57～7.03mg/（dm^2/小时），即占饱和光下净光合速率的1/3左右。

（2）大豆的吸收作用

①水分吸收：大豆靠根尖附近的根毛和根的幼嫩部分吸收水分。大豆根主要是从30cm以内的土层中吸收水分的。在根系强大时，也能从30～50cm土层中吸收水分。大豆的根压大为0.05～0.25MPa，由于有根压，大豆根能够主动从土壤中吸收水分。为保障叶片的正常生理活动，其水势应维持在-1MPa以上。当水势大于-0.4MPa时，叶片生长速度快；小于-0.4MPa时，叶片生长速度很快下降，当水势在-1.2MPa左右时，叶片生长接近于零。据王琳等（1991）测定表明，一株大豆的总耗水量为35 090ml。单株大豆耗水量的差异与供试品种的生长量大小有关。王琳等（1991）的测定还表明，春播大豆各生育时期的单株平均日耗水量分别为：分枝末期之前66ml，初花期317ml，花荚期600ml，荚粒期678ml，鼓粒期450ml，成熟期175ml。由此可见，结荚至鼓粒期间是春播大豆耗水的关键时期。在山东省的气候条件下，夏大豆各生育阶段的适宜供水量分别为：苗期3 406.5mm，花期1 767mm，鼓粒1 732.5mm，成熟364.5mm（李永孝等，1986）。

②养分吸收：大豆植株生育早期阶段养分浓度较高。这是由于养分吸收速率比干物质积累速率快的缘故。后来，随着干物质积累速率加快，养分浓度普遍下降。董钻和谢甫绨（1996）以春大豆辽豆10号为试材，自出苗后21天起，每隔14天取样一次，测定了植株各个器官养分的百分含量变化动态。结果表明，大豆自幼苗至成熟期间，叶片、叶柄、茎秆和荚皮中的全氮、五氧化二磷和氧化钾百分含量基本呈递减趋势。子粒中氮的百分含量则是渐升趋势，成熟之前2周达到最高值，成熟时则有所下降。子粒中的五氧化二磷百分含量变化幅度不大，氧化钾百分含量略呈下降趋势。

大豆植株对氮、五氧化二磷和氧化钾吸收积累的动态符合Logistic曲线，即前期慢，中期快，后期又慢。大豆植株吸收各种养分最快的时间不同。氮在出苗后第9～10周，五氧化二磷在第10周前后，而氧化钾则偏早，在8～9周。不同品种吸收养分最快的时间并不一样。从养分吸收的最大速率上看，不同品种也不相同，这与品种的株型、各器官的比例以及土壤肥力、施肥状况有很大关系。

（3）大豆干物质的积累动态

①叶面积指数：适当地增大叶面积指数是现阶段提高大豆产量的主要途径。大豆出苗到成，叶面积指数有一个发展过程，一般在开花末至结荚初达到高峰，大致呈一抛物线。叶面积指数过小，即光合面积小，不能截获足够的光能；叶面积指数过大，中、下部叶片阳光被遮，光合效率低或变黄脱落。适宜的叶面积指数动态：苗期0.2~0.3、分枝期1.1~1.5、开花末至结荚初期5.5~6.0、鼓粒期3.0~3.4。叶面积指数在3.0~6.0范围内，叶面积指数与生物产量、经济产量的相关性极显著。较大的叶面积指数维持较长时间对产量形成有利。

②生物产量的形成：大豆生物产量形成的过程大体可分为3个时期：指数增长期、直线增长期和稳定期。大豆植株生长初期，叶片接阳光充分，光合产物与叶面积成正比，增长速度缓慢，此时，生物产量的积累曲线如指数曲线。从分枝期起，叶面积增长迅速，光合产物积累速度大为提高。从分枝期至结荚期，生物产量增加最快，基本上呈直线增长。结荚期之后，叶片光合速率降低，生物产量趋于稳定，在鼓粒中期前后达到最大值。生物产量是经济产量的基础。要获得高额的籽粒产量，首先必须提高生物产量；其次，应注意光合产物多向子粒转移。

③子粒产量的形成：大豆生长发育的重要特点是生殖生长开始早，营养生长和生殖生长并进的时间长。一个生育期为125天的有限结荚习性品种，出苗后60天始花，此时生物产量占总生物产量的20%~25%。由此可见，大豆的大部分干物质是在营养生长和生殖生长并进的时期内积累起来的。大豆早熟品种在出苗后50天左右、晚熟品种在出苗后75天左右，荚中籽粒即已开始形成。整个子粒形成期为45~50天，最初10天左右增重较慢，中期增重较

快，后期又较慢。若以每日每平方米土地籽粒平均增重 9.9g 计算，每公顷籽粒平均日增重达 105kg 左右。

大豆籽粒含蛋白质约 40%，脂肪 20%，碳水化合物 30%，形成单位重量的蛋白质和脂肪所需要的能量显著高于碳水化合物，所以大豆的经济产量高低不能与以碳水化合物为主要产量构成成分的小麦、水稻作物相比较。

（4）大豆干物质的分配

大豆干物质分配是指地上部分各个器官在生物产量中所占的比率。干物质的分配取决于许多因素：光合作用、库的强度、库与源的间距、环境条件等。在正常条件下，禾谷类作物的旗叶及其下方一张叶片是穗部同化物的主要供应者。大豆的腋生花和花序主要由同节位叶片供应同化物。库的数量、大小、位置是支配同化物运转和分配的主导因素。作物收获器亭的构成成分产生于初级光合产物，如葡萄糖。1 个单位葡萄糖可以生产的淀粉、蛋白质和脂肪分别为 0.84 个、0.38 个、0.31 个单位。由于光合产物的转化效率不同，与禾谷类作物相比，以蛋白质和脂肪为主要成分的大豆，其经济系数往往稍低一些。有关研究结果表明，大豆晚熟品种的叶片、叶柄、茎秆、荚皮和籽粒在生物产量中的最优比例应为 24%、9%、20%、12% 和 35%. 即经济系数为 35%。早熟品种的茎秆比例应更小些（春播 15%，夏播 10%），籽粒比例则应更大些，在 42% ~45% 或更高。

大豆干物质分配反映了光合产物的转移和“源一库”关系。从大豆栽培角度看，应当选择在高肥水条件下生物产量高、干物质分配合理、经济系数高的品种，加之采用各种栽培措施，以较小的叶片、叶柄、茎秆和荚皮比率，取得较多的子粒产量。大豆的经济系数相对较稳定。同一品种，夏播的经济系数高于春播；同一品种，在中肥条件下的经济系数往往又比在高肥条件下为高。不同品种同期播种，只要能够正常成熟，一般早熟品种的经济系数比晚熟品种高。高。不同品种同期播种，只要能够正常成熟，一般早熟品种的经济系数比晚熟品种高。

（二）大豆的品质

1. 大豆子粒蛋白质的积累与品质

大豆子粒的蛋白质含量十分丰富，含量为40%左右。大豆蛋白质所含氨基酸有赖氨酸、组氨酸、精氨酸、天门冬氨酸、甘氨酸、谷氨酸、苏氨酸、酪氨酸、缬氨酸、苯丙氨酸、亮氨酸、异亮氨酸、色氨酸、胱氨酸、脯氨酸、蛋氨酸、丙氨酸和丝氨酸。其中，谷氨酸占19%，精氨酸、亮氨酸和天门冬氨酸各占8%左右。人体必需氨基酸赖氨酸占6%；可是色氨酸及含硫氨基酸——胱氨酸、蛋氨酸含量偏低，均在2%以下。

在大豆开花后10～30天，氨基酸增加最快，此后，氨基酸的增加迅速下降。这标志着后期氨基酸向蛋白质转化过程大为加快。大豆种子中蛋白质的合成和积累，通常在整个种子形成过程中都可以进行。开始是脂肪和蛋白质同时积累，后来转入以蛋白质合成为主。后期蛋白质的增长量占成熟种子蛋白质含量的50%以上。

2. 大豆子粒油分的积累与品质

大豆油是一种主要的食用植物油，通常籽粒的油分含量在20%左右。大豆油中含有肉豆蔻酸、棕榈酸（软脂酸）、硬脂酸等3种饱和脂肪酸和油酸、亚油酸、亚麻酸等三种不饱和脂肪酸。大豆油中的饱和酸约占15%，不饱和酸约占85%。在不饱和酸中，以亚油酸居多，占54%左右。亚油酸和油酸被认为是人体营养中最重要的必需脂肪酸，其有降低血液中胆固醇含量和软化动脉血管的作用。亚麻酸的性质不稳定，易氧化，使油质变劣。因此，大豆育种家们正试图提高大豆籽粒中的亚油酸含量、降低亚麻酸含量，以改善大豆的油脂品质。有人对大豆开花后52天内甘油三酯的脂肪酸成分的变化进行了研究。结果证明，软脂酸由13.9%降为10.6%，硬脂酸稳定在3.8%左右，油酸由11.4%增至25.5%，亚油酸由37.7%增至52.4%，而亚麻酸由34.2%降为7.6%。总的来说，大豆种子发育初期，首先形成游离脂肪酸，而且饱和脂肪酸形成较早，不饱和脂肪酸形成较迟，随着种子成熟，这些脂肪酸逐步与甘油化合。大豆子叶中的油分呈亚微小滴状态，四周被有含蛋白质、脂肪、磷脂和核酸的膜。

3. 影响大豆子粒蛋白质和油分积累的因素

大豆子粒蛋白质与油分之和约为60%，这两种物质在形成过程中呈负相关关系。凡环境条件利于蛋白质的形成，籽粒蛋白质含量即增加，油分含量则下降；反之，若环境条件利于油分形成，则油分含量会增加，蛋白质含量则下降。

（1）大豆籽粒的品质与气候条件的关系

据胡明祥等（1990）对不同生态区域大豆子粒品质的测定结果，大豆蛋白质含量与大豆生育期间的气温、降水量呈正相关，与日照和气温的日较差呈负相关。祖世亨（1983）对我国18个省大豆籽粒含油量与气候条件关系的研究结果表明，大豆籽粒含油量与生育期间的气温高低和降水多少呈负相关，与日照长短和气温的日较差大小呈正相关。总的来说，气候凉爽、雨水较少、光照充足、昼夜温差大的气候条件有利于大豆含油量的提高。

（2）大豆子粒品质与地理纬度的关系

我国大豆子粒的蛋白质和油分含量与地理纬度有明显的相关性。总的趋势是原产于低纬度的大豆品种，蛋白质含量较高，而油分含量较低；原产于高纬度的大豆品种，油分含量较高，而蛋白质含量较低。因而，北方大豆以油用为主，籽粒的蛋白质含量较低而含油量较高；南方一些地区的大豆以加工豆腐等食用为主，籽粒的含油量较低而蛋白质含量较高。已有对大豆品种进行的地理播种试验结果证明，大豆北种南引，有利于蛋白质的提高；南种北引有利于油分的提高。

（3）大豆子粒品质与海拔高度的关系

据Gupta等（1980）的研究，海拔低处的大豆含蛋白质高，海拔高处的大豆蛋白质含量低。胡明祥等（1985）的研究也证明，在北纬33°以北地区，随着海拔升高蛋白质含量呈下降趋势，但在低纬度地区情况有所不同。大豆籽粒含油量的变化规律与蛋白质有所不同。一般海拔低处的油分含量低，而高处的油分含量高。但低纬度地区的情况恰恰相反，即海拔低处的大豆籽粒含油量高，海拔高处的大豆油分含量低。另外，研究报道还表明，大豆油分的碘价随海拔升高而提高，海拔高处棕榈酸（软脂酸）含量低，亚麻酸含量高；反之亦然。

（4）大豆子粒品质与播种期的关系

大豆播种期不同，植株生长发育所遇到的环境条件各异，这些环境条件对大豆籽粒品质造成一定影响。一般认为，春播大豆蛋白质含量较高，夏播或秋播稍低；油分含量春播普遍高于夏播或秋播。播种期不仅影响大豆油分的含量，而且影响脂肪酸的组成。春播大豆籽粒的棕榈酸（软脂酸）、硬脂酸、亚油酸和亚麻酸含量低，而夏播或秋播的则较高。油酸含量则与此相反，春播高于夏播或秋播。

（5）大豆籽粒品质与施肥的关系

据报道，给大豆单施氮肥、磷肥或者氮磷混施均可增加籽粒的蛋白质含量。给大豆单施农家肥会使籽粒的含油量下降。在施用农家肥基础上再增施磷肥、氮磷肥、磷钾肥，或者不施农家肥而施氮、磷、钾化肥，都可以提高大豆籽粒的含油量。国内外的研究结果还表明，硫、硼、锌、锰、钼和铁等元素均会对大豆籽粒的品质形成产生影响。

另外，灌水、茬口、病虫为害等也会对大豆籽粒的品质带来影响。大豆花荚期灌水会提高籽粒的含油量。对大豆籽粒含油量最有利的前作是玉米，最差的是甜菜。大豆受斑点病为害后，籽粒含油量下降；籽粒受食心虫为害后，蛋白质含量有所提高，含油量则下降。

4. 优质专用大豆的类型与品质指标

①高蛋白质含量：大豆蛋白质含量45%以上，产量比当地同类品种增产5%。

②高脂肪含量的豆脂肪含量23%以上，产量比当地同类品种增产5%。

③双高含量的大豆：蛋白质含量42%，脂肪含量21%以上，产量比当地同类品种增产5%。

④高豆腐产量品种：豆腐产量比一般大豆高10%~20%，子粒产量与当地高产品种相当。

⑤无（低）营养成分抑制因子：无胰蛋白酶抑制剂或无脂氧化酶。

⑥适于出口的小粒豆（纳豆）：百粒重15~16g。

⑦适于菜用的大粒品种：鲜荚长5.3cm，宽1.3cm，含糖量7%，蛋白质36%~37%。

⑧高异黄酮含量：长期以来，大豆异黄酮在食品中作为一种抗营养因子，但最近由于其雌激素特性，而使大豆异黄酮的抗肿瘤活性得到人们的广泛关注。大豆种子中的异黄酮含量达0.05%~0.7%，在种子下胚轴含量较高，子叶中相对较低，种皮中的含量就更少。

另外，国外大豆育种家正在选育的专用型大豆类型还有适于豆豉加工的黑豆类型；低亚麻酸含量或低棕榈酸含量品种类型；高油酸、高硬脂酸含量品种类型等。

五、大豆的田间栽培管理技术

（一）轮作倒茬

大豆对前作要求不严格，凡有耕翻基础的谷类作物，如小麦、玉米、商粱以及亚麻、甜菜等经济作物都是大豆的适宜前作。大豆茬是轮作中的好茬口。大豆的残根落叶含有较多的氮素，豆茬土壤较疏松，地面较干净。因此，适于种植各种作物，特别是谷类作物。据测定，与玉米茬和谷子茬相比，豆茬土壤的无效孔隙［<0.005mm粒径＝数量显著减少，而毛细管作用强的孔隙（0.001~

0.005mm 粒径）数量则显著增加。由于豆茬土壤的“固、液、气”三项比协调，对后荐作物生长十分有利。大豆忌重茬和迎茬。] 据调查，重茬大豆减产 11.1% ~34.6%，迎茬大豆减产 5% ~20%。减产的主要原因是以大豆为寄主的病害如胞囊线虫病、细菌性斑点病、黑斑病、立枯病等容易蔓延；为害大豆的害虫如食心虫、蛴螬筹愈益繁殖。土壤化验结果表明，豆茬土壤的五氧化二磷含量比谷茬、玉米茬少，这样的土壤再用来种大豆，势必影响其产量的形成。迄今，只知道大豆根系的分泌物（如 ABA）能够抑制大豆的生长发育，降低根瘤菌的固氮能力；但是对分泌物的本身及其作用机制却知之甚少。目前，大同地区的主要轮作方式：玉米－玉米－大豆；玉米－高粱－大豆。正确的作物轮作不但有利于各种作物全面增产，而且也可起到防治病虫害的作用。例试验证明，在胞囊线虫大发生的地块，换种一茬蓖麻之后再种大豆，可有力地抑制胞囊线虫的为害。

（二）土壤耕作

大豆要求的土壤状况是活土层较深，既要通气良好，又要蓄水保肥，地面应平整细碎。平播大豆的土壤耕作。无深耕基础的地块，要进行伏翻或秋翻，翻地深度 18 ~22cm，翻地应随即耙地。有深翻基础的麦茬，要进行伏耙茬；玉米茬要进行秋耙茬，拾净玉米茬子。耙深 12 ~15cm，要耙平、耙细。春整地时，因春风大，易失墒，应尽量做到耙、耢、播种、镇压连续作业。

垄播大豆的土壤耕作。麦茬伏翻后起垄，或搅麦茬起垄，垄向要直。搅麦茬起垄前灭茬，破土深度 12 ~15cm，然后扶垄，培土。玉米茬春整地时，实行顶浆扣垄并镇压。有深翻基础的原垄玉米茬，早春拾净茬子，耢平达到播种状态。

“三垄”栽培法是针对低湿地区种豆所研制的方法。“三垄”指的是垄底深松、垄体分层施肥、垄上双行精量点播。这种栽培方法比常规栽培法增产 30% 左右。“三垄”，栽培法采用垄体、垄沟分期间隔深松，即垄底松土深度达耕层下 8 ~12cm，苗期垄沟深松

10～15cm。垄底、垄沟深松宽度为10～15cm。在垄体深松的同时，进行分层深施肥。当耕层为22cm以上时，底肥施在15～20cm；耕层为20cm时，底肥施在13～16cm土层。种肥的深度7cm左右。播种时，开沟、施种肥、点种、覆土、镇压一次完成。种肥和种子之间需保持7cm左右的间距。“三垄”栽培法具有防寒增温、贮水防涝、抗旱保墒、提高肥效、节省用种等优点，增产效果显著。

（三）施肥

大豆是需肥较多的作物。它对氮、磷、钾三要素的吸收一直持续到成熟期。长期以来，对于大豆是否需要施用氮肥一直存在某些误解，似乎大豆依靠根瘤菌固氮即可满足其对氮素的需要。这种理解是不对的。从大豆总需氮量来说，根瘤菌所提供的氮只占1/3左右。从大豆需氮动态上说，苗期固氮晚，且数量少，结荚期特别是鼓粒期固氮数量也减少，不能满足大豆植株的需要。因此，种植大豆必须施用氮肥。据松嫩平原的试验结果，在中等肥力土壤上，每公顷施尿素97.5kg和三料磷肥300kg，比不施肥对照增产16.8%。大豆单位面积产量低，主要是土壤肥力不高所致；产量不稳，则主要是受干旱等的影响。

1. 基肥

大豆对土壤有机质含量反应敏感。种植大豆前土壤施用有机肥料，可促进植株生长发育和产量提高。当每公顷施用有机质含量在6%以上的农肥30～37.5t时，可基本上保证土壤有机质含量不致下降。大豆播种前，施用有机肥料结合施用一定数量的化肥尤其是氮肥，可起到促进土壤微生物繁殖的作用，效果更好。

2. 种肥

种植大豆，最好以磷酸二铵颗粒肥作种肥，每公顷用量120～150kg。在高寒地区、山区、春季气温低的地区，为了促使大豆苗期早发，可适当施用氮肥为“启动肥”，即每公顷施用尿素52.5～60kg，随种下地，但要注意种、肥隔离。

经过测土证明缺微量元素的土壤，在大豆播种前可以挑选下列微量元素肥料拌种，用量如下：钼酸铵，每千克豆种用0.5kg，拌种用液量为种子量的0.5%。硼砂，每千克豆种用0.4g，首先将硼砂溶于16ml热水中，然后与种子混拌均匀。硫酸锌，每千克豆种用4～6g，拌种用液量为种子量的0.5%。

3. 追肥

大豆开花初期施氮肥，是国内、外公认的增产措施。做法是于大豆开花初期或在锄最后一遍地的同时，将化肥撒在大豆植株的一侧，随即中耕培土。氮肥的施用量是尿素每公顷30～75kg或硫酸铵60～150kg，因土壤肥力植株长势而异。为了防止大豆鼓粒期脱肥，可在鼓粒初期进行根外（即叶面）追肥。做法：首先将化肥溶于30kg水中，过滤之后喷施在大豆叶面上。可供叶面喷施的化肥和每公顷施用量：尿素9kg，磷酸二氢钾1.5kg，钼酸铵225g，硼砂1 500g，硫酸锰750g，硫酸锌3 000g。

需要指出的是，以上几种化肥可以单独施用，也可以混合在一起施用。究竟施用哪一种或哪几种，可根据实际需要而定。

（四）播种

1. 播前准备

（1）种子质量要求

品种的纯度应高于98%，发芽率高于85%，含水量低于13%。挑选种子时，应剔除病斑粒、虫食粒、杂质，使种子净度达到98%或更高些。

（2）根瘤菌拌种

每公顷用根瘤菌剂3.75kg，加水搅拌成糊状，均匀拌在种子上，拌种后不能再混用杀菌剂。接种后的豆种要严防日晒，并需在24h内播种，以防菌种失去活性。

（3）药剂拌种

为防治大豆根腐病，用50%多菌灵拌种，用药用量为种子重量的0.3%。大豆胞囊线虫为害的地块，播前需将3%的呋喃丹条施于播种床内，用药量为每公顷30～97.5kg。要注意先施药后播种。呋喃丹还可兼防地下害虫。

2. 播种期的确定

春播大豆，当春天气温通过8℃时，即可开始播种。除地温之外，土壤墒情也是限制播种早晚的重要因素。一个地区，一个地点的大豆具体播种时间，需视大豆品种生育期的长短、土壤墒情好差而定。早熟些的品种晚播，晚熟些的早播；土壤墒情好些，可晚些播，墒情差些，应抢墒播种。

3. 播种方法

(1) 精量点播

采用机械垄上单、双行等距精量点播；双行间的间距为10~12cm。

(2) 垄上机械双条播

双条间距10~12cm，要求对准垄顶中心播种，偏差不超过±3cm。

(3) 窄行平播

行距45~50cm，实行播种、镇压连续作业。无论采用何种播法，均要求覆土厚度3~5cm。过浅，种子容易落干；过深，子叶出土困难。

4. 种植密度

种植密度主要根据土壤肥力、品种特性、气温以及播种方法等而定。肥地宜稀，瘦地宜密；晚熟品种宜稀，早熟品种宜密；早播宜稀，晚播宜密；气温高的地区宜稀，气温低的地区宜密。这些便是确定合理密度的原则。肥地每公顷保苗16.5万~19.5万株，肥力中等保苗19.5万~24.0万株，薄地则需24.0万~30.0万株。降雨多或水源充足且土壤较肥沃的地块，适宜保苗数在12万~15.0万株，而降水少或不能灌溉，且土壤较瘠薄，每公顷保苗多在18.0万或更多些。

在同一地点，大豆品种的株型不同，适宜种植密度也各异。植株高大、分枝型品种宜稀；植株矮小、独秆型品种宜密。密植程度的最终控制线是当大豆植株生长最繁茂的时候，群体的叶面积指数不宜超过6.5。

（五）田间管理

1. 间苗

间苗是简单易行但不可忽视的措施。通过间苗，可以保证合理密度，调节植株田间配置，为建立高产大豆群体打下基础。间苗宜在大豆齐苗后，第一片复叶展开前进行。间苗时，要按规定株距留苗，拔除弱苗、病苗和小苗，同时剔除苗眼杂草，并结合进行松土培根。

2. 中耕

中耕主要指铲趟作业，目的在于消灭杂草，破除地面板结；中耕的另一目的是培土，起到防旱、保墒、提高地温的作用。中耕方式如下。

（1）耙地除草

即出苗前后耙地，此法只适用于机械平播的地块。出苗前耙地，在豆苗幼根长2~3cm，子叶距地面3cm时进行。此时耙地的深度不能超过3cm。大豆出苗后，第一对真叶至第一片复叶展开前进行耙地。此时豆苗抗耙力强，伤苗率3%~5%，耙地深度4cm。用链轨式拖拉机牵引钉齿耙，采用对角线或横向耙地（不可顺耙），选择晴天上午9:00以后进行。

（2）趟蒙头土

此法限于垄作地块采用。当大豆子叶刚拱土，大部分子叶尚未展开时，用机引铲趟机趟地，将松土蒙在垄上，厚2cm。这样能消灭苗眼杂草，经过2~3天后苗仍可长出地面。

（3）铲前趟一犁

平作、垄作均可采用。这项措施在豆苗显行时进行，可起到消灭杂草、提高地温、松土、保墒、促进根系生长的作用。

（4）中耕除草

在大豆生育期间进行2~3次。中耕之前先铲地，将行上杂草和苗眼杂草铲除。在豆苗出齐后1～2天后趟头遍地，趟地深度10～12cm。隔7～10天，铲、趟第二遍，趟地深度8～10cm。封垄之前铲、趟第三遍，趟地深度7～8cm。中耕除草的同时，也兼有培土的作用。培土有助于植株的抗倒和防止秋涝。铲趟作业的伤苗率应低于3%。

3. 化学除草

目前，应用的除草剂类型多，更新也快。一些土壤处理剂易光解、易挥发，喷药后要立即与土壤混合，可用钉齿耙耙地，耙深10cm，然后镇压。此项措施在早春干旱地区不宜采用。大豆草剂的使用方法如下：

氟乐灵（48%）乳剂播前土壤处理剂。于播种前5～7天施药，施药后2小时内应及时混土。土壤有机质含量在3%以下时，每公顷用药0.9～1.65kg；有机质含量在3%～5%，每公顷用药1.65～2.1kg；有机质含量在5%以上，每公顷用药2.1～2.55kg。应注意施用过氟乐灵的地块，次年不宜种高粱、谷子，以免发生药害。如兼防禾本科杂草与阔叶杂草时，应先防阔叶杂草，后防禾本科杂草。喷药时应注意风向，以免危及邻地作物的安全。

赛克津（70%）可湿性粉剂于播种后出苗前施药。每公顷用药0.375～0.795kg。如使用50%可湿性粉剂，则用药量为0.525～1.125kg。稳杀得（35%）乳油出苗后为防除一年生禾本科杂草而施用。当杂草2～3叶时喷施，每公顷用药0.45～0.75kg。当杂草长至4～6叶时，每公顷用药0.75～1.05kg。喷液量与喷洒工具有关。当用人工背负喷雾器时，每公顷用液450～600kg。地面机械喷雾的每公顷用液量减至210～255kg。飞机喷施，每公顷只需21～39kg。

此外，10%禾草克乳油、12.5%盖草能乳油等也可照来防治禾本科杂草，每公顷用药量为0.75～1.05kg。

出苗后为防治阔叶杂草，当杂草2～5叶时，每公顷用虎威1.05kg，或杂草焚、达可尔1.05～1.5kg喷施。

随着科技的发展，出现了不少复配的除草剂，例如，豆乙微乳剂就是由氯嘧磺隆和乙草胺复配而成。60%的豆乙微乳剂（有效成分900g/hm^2）在播种后立即喷药，喷药量为750kg/hm^{2}时，除草效果要显著好于单用50%乙草胺乳油的效果。

4. 防治病虫害

用40%乐果或氧化乐果乳油50g，均匀对人10kg湿沙之后，撒于大豆田闽，防治蚜虫和红蜘蛛。在食心虫发蛾盛期，用80%敌敌畏乳油制成秆熏蒸，防治食心虫。每公顷用药1 500g，或者用25%敌杀死乳油，每公顷300～450ml，对水450～600kg喷施。用涕灭威颗粒剂防治胞囊线虫病，每公顷60kg；或用3%呋喃丹颗粒剂，每公顷30～90kg，于播种前施于行内。用40%地乐胺乳油100～150倍液防治菟丝子，每公顷用药液300～450kg，于大豆长出第4片叶以后（在此之前施，易发生药害），当菟丝子转株危害时喷施。

5. 灌溉

大豆需水较多。当大豆叶水势为－1.2～1.6MPa时，气孔关闭。当土壤水势小于15KPa时，就应进行灌溉。土壤水势下降到－0.5Mpa时，大豆的根就会萎缩。于大豆盛花期至鼓粒期进行喷灌，并且每公顷追尿素37.5kg、75kg和150kg，分别增产10.1%、14.3%和17.5%。大豆开花结荚期如能及时灌溉，一般可增产10%～20%。鼓粒前期缺水，影响籽粒正常发育，减少荚数和粒数。鼓粒中、后期缺水，粒重明显降低。

灌溉方法因各地气候条件、栽培方式、水利设施等情况而定。喷灌效果好于沟灌，能节约用水40%～50%。沟灌又优于畦灌。

苗期至分枝期土壤湿度以20%～23%为宜。如低于18%，需小水灌溉；开花至鼓粒期0～40cm的土壤湿度以24%～27%（占田间持水量的85%以上）为宜，低于21%（占田间持水量75%）应及时灌溉。播种前、后灌溉仍以沟灌为宜，以加大大水量，减少蒸发量，满足大豆出苗对水分的要求。

6. 生长调节剂的应用

生长调节剂有的能促进生长，有的能抑制生长，应根据大豆的长势选择适当的剂型。

2,3,5 一三碘苯甲酸（TIBA），有抑制大豆营养生长、增花增粒、矮化壮秆和促进早熟的作用，增产幅度5%～15%。对于生长繁茂的晚熟品种效果更佳。初花期每公顷喷药45g，盛花期喷药75g。此药溶于醚、醇而不溶于水，药液配成2 000～4 000/umol/L，在晴天16:00以后增产灵（4一碘苯氧乙酸），能促进大豆生长发育，为内吸剂，喷后6小时即为大豆所吸收，盛花期和结荚期喷施，浓度为200μmol/L。该药溶于酒精中，药液如发生沉淀，可加少量纯碱，促进其溶解。

矮壮素（2-氯乙基三甲基氯化铵），能使大豆缩短节间，茎秆粗壮，叶片加厚，叶色深绿，还可防止倒伏。于花期喷施，能抑制大豆徒长。喷药浓度0.125%～0.25%。

（六）收获

当大豆茎秆呈棕黄色，杂有少数棕杏黄色，有7%～10%的叶片尚未落尽时，是人工收获的适宜时期。当豆叶全部落尽，籽粒已归圆时，是机械收获的适宜时期。如大豆面积过大，虽然豆叶尚未落尽，籽粒变黄，开始归圆时是分段收获的适宜时期，但涝年或涝区不宜采用。